KB062993

초보에서 전문인의 분재백과

행복이 가득한 가정, 기쁨이 넘치는 생활 ④
대자연을 생활 공간 속에서 즐기는

분재교실

편집부 편

컬러화보 / 취미, 실용

太乙出版社

모아심기 분재

▲ 느티나무 (나무높이 50㎝)

▶ 너도밤나무 (나무높이 77㎝)

삼목－스끼나무(나무 높이 78㎝)

▲ 옻나무 (나무높이 48㎝)

◀ 삼목 (나무높이 78㎝)

▲ 너도밤나무 (나무높이 80㎝)

▶ 단풍나무 (나무높이 67㎝)

▲ 이수종(異樹種)의 모아심기
(나무높이 36㎝)

◀ 단풍나무 (나무높이 35㎝)

◀ 수양버들

▼ 산진달래
(나무높이 32㎝)

돌끼움 분재

▼ 단풍나무 (나무높이 22㎝/용안석)

▲ 잣나무 (나무 길이 48㎝/용안석)

▲ 가문비나무
(나무높이 18㎝
/용안석)

◀ 불로초
(용안석)

수초의 모아심기

덤불꽃의 모아심기

▶ 풀의 모아심기

초보에서 전문인의 분재백과

분재교실

편집부편

머 리 말

자연을 그리워하고, 자연을 흠모하면서 우리 인간은 삶의 언덕을 마지막까지 걸어간다. 자연에서 태어나 자연 속에서 살다가 자연 속으로 다시 돌아가는 인간의 입장에서 생각한다면 참으로 인간의 자연에 대한 흠모는 신기한 일이 아닐 수 없다.

늘상 대하는 자연인데도 인간은 아름다운 산과 강이나 경치를 대하게 되면 어떤 크나큰 선비와 만나기라도 한 양 탄성을 지르며 반가와 한다. 선천적으로 인간은 자연과 더불어 살아갈 수 밖에 없도록 만들어져 있기 때문일까?

어쩌면 인간의 본성상 태어난 곳에 대한 흠모는 당연한 것이기 때문일지도 모른다.

분재예술의 발달도 따지고 보면 끝없는 인간의 자연에 대한 흠모 때문에 빚어진 생활예술의 한 가닥일 것이다. 늘 자연 속에서 살아가는 인간이면서도, 창밖으로 눈을 돌리면 금방 만나는 자연임에도 불구하고 인간은 보다 가까이서 자연을 대하기를 끊임없이 갈구해오고 있는 것이다.

말하자면 대자연을 자신의 생활 공간 속으로 끌어들여 보다 진하게 자연의 냄새를 맡고 싶어하는 인간의 본능이 바로 분재예술을 하나의 생활예술로서 발전시켜온 것이다.

이 책은 분재에 익숙하지 못한 초보자를 위하여 기획되어진 분재입문서이다. 분재의 요령은 물론 자연을 최대한 이용할 수 있는 방법, 그리고 돌과 나무를 아름답게 배치하여 소자연을 만들어내는 방법 등 분재의 모든 것을 다양하게 다루었으므로 평소에 분재에 관심을 가지고 있는 독자들에게는 상당한 도움을 줄 수 있을 것이다.

처음부터 끝까지 그림을 덧붙여 설명하였으므로 제 아무리 초보자라 하더라도 쉽게 이해하고 분재예술을 익힐 수가 있을 것이다. 자신이 태어나 자신이 그 속에서 살아가는 자연의 멋을 자신의 손으로 다시금 재조명해 본다는 멋스러움을 독자 여러분은 충분히 만끽할 수 있으리라 믿는다.

아울러 여러분의 생활이 이 책 한 권으로 말미암아 더욱 더 풍요롭고 아름다운 것이 되기를 빌어마지 않는다.

분재 입문 차 례

1. 모아심기 분재

2. 돌끼움 분재

1

모아심기 분재

배식의 디자인 44예
만드는 방법의 비결 15 포인트
동일 소재로 만드는 모아심기 4태
모아심기의 실제
관리의 포인트
모아심기의 다시 심기
즐기는 방법
모아심기 분재 진단

모아심기 분재

배식의 디자인 44예

자연의 풍경을 창작하는 것이므로 붙이는 방법이나 가지 수등에 특별한 제한은 없고 기본은 경치의 넓이나 깊이를 느끼게 하는 것이다.

화분이라는 한정된 공간 속에 나무를 심는 것으로써 큰자연 경치를 나타내는 것이므로 배식할 때 여백이나 원근감, 취하는 법 등 각각에 연구를 할 필요가 있다. 여기에서는 나무 종류에 따른 경치 만들기 쉬운 배식을 생각해 보았다.

① 두 개를 모은다

적송, 오엽송, 흑송, 가문비나무 도섭의 노목 등에 적합하다.

주목이 강한 때는 장방형의 화분도 맞는다.

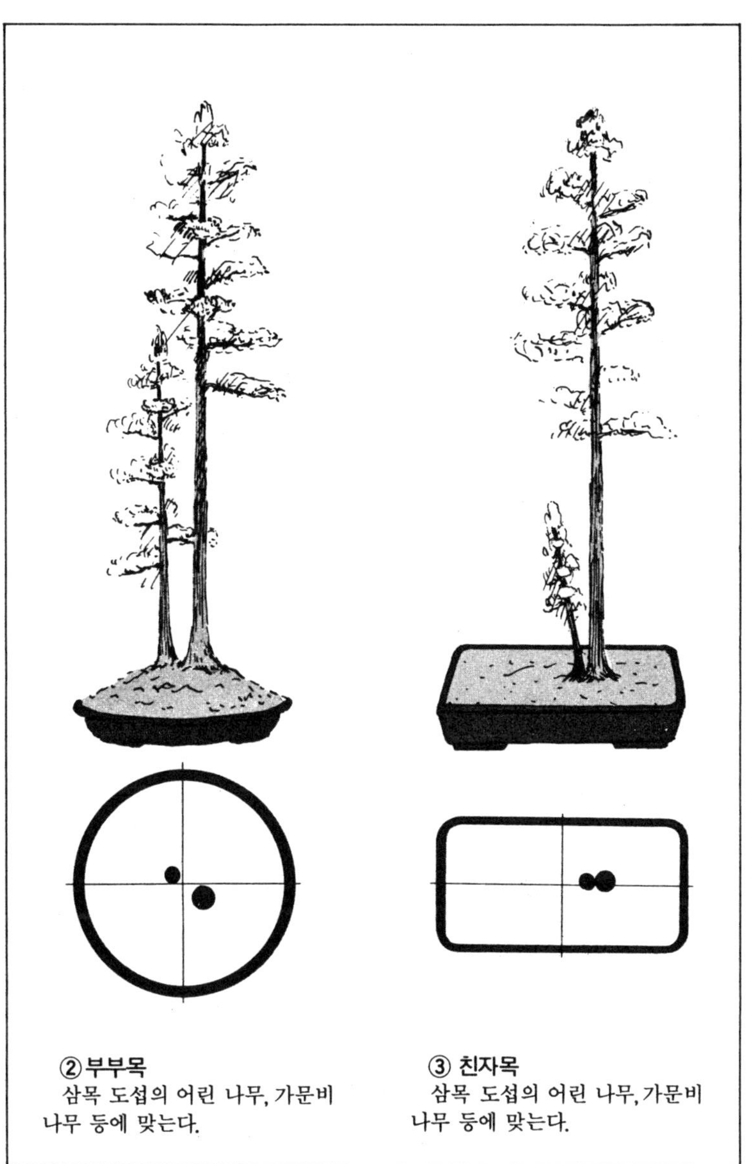

②부부목
삼목 도섭의 어린 나무, 가문비 나무 등에 맞는다.

③ 친자목
삼목 도섭의 어린 나무, 가문비 나무 등에 맞는다.

④ 너도밤나무 두 그루 붙임
주목이 왕성하면 장방형 화분이라도 좋다.

⑤ 도섭, 사리간 두 그루 붙임
도섭의 나무에 사리간을 붙여 보았다. 화분은 장방형의 중간깊이가 맞는다.

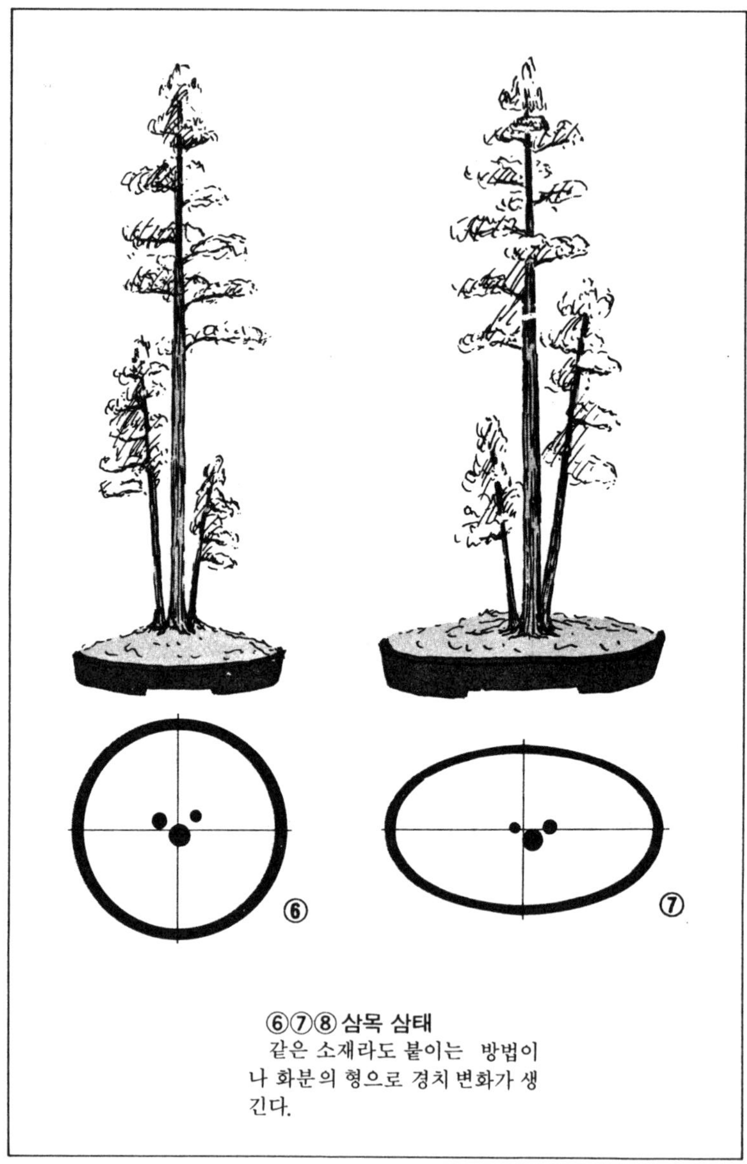

⑥⑦⑧ 삼목 삼태
같은 소재라도 붙이는 방법이 나 화분의 형으로 경치 변화가 생긴다.

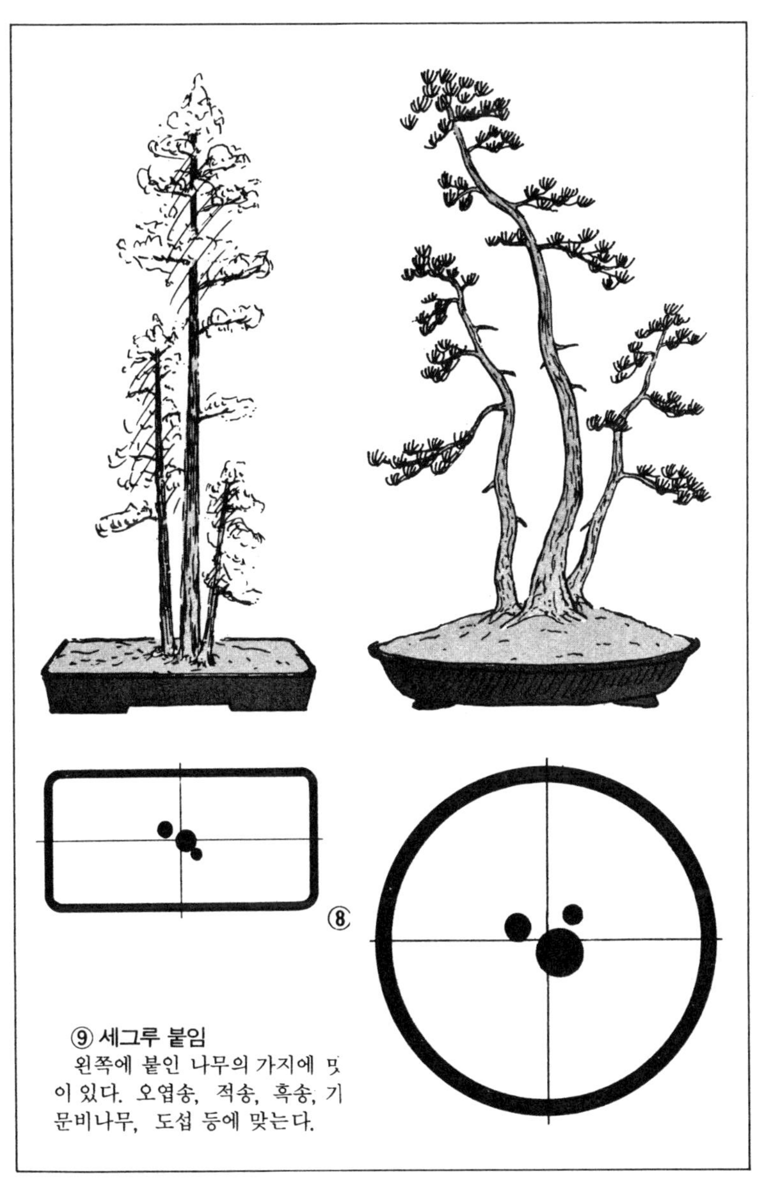

⑨ 세그루 붙임

왼쪽에 붙인 나무의 가지에 맛이 있다. 오엽송, 적송, 흑송, 기문비나무, 도섭 등에 맞는다.

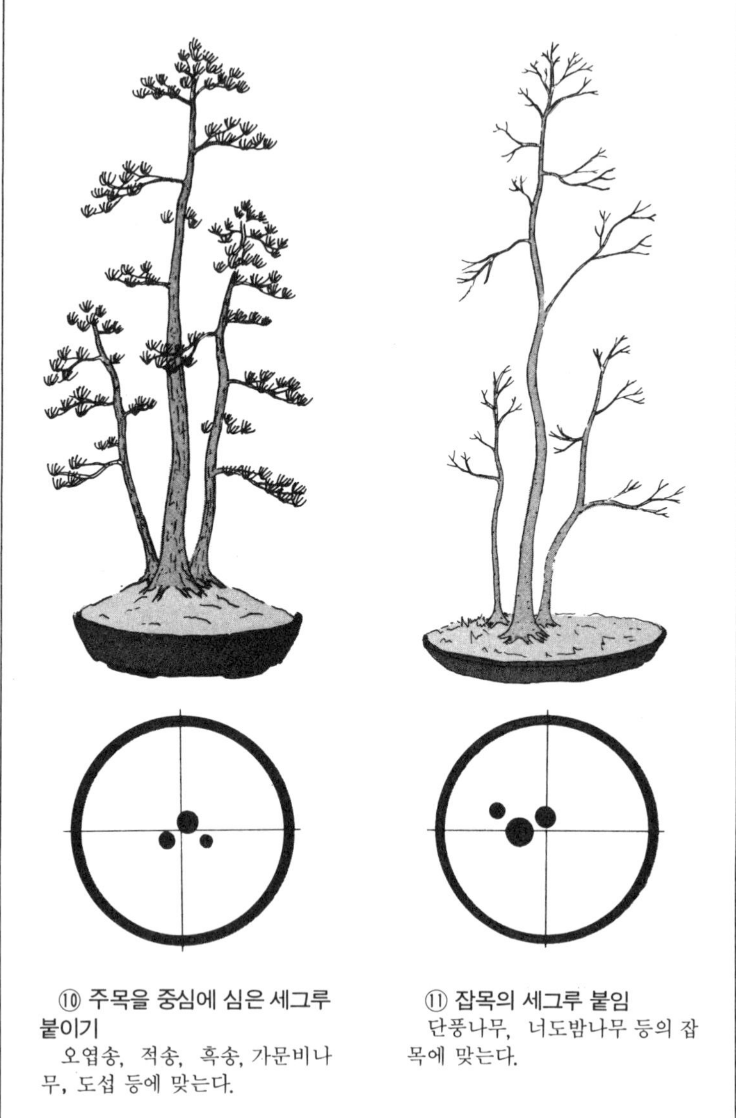

⑩ 주목을 중심에 심은 세그루 붙이기
오엽송, 적송, 흑송, 가문비나무, 도섭 등에 맞는다.

⑪ 잡목의 세그루 붙임
단풍나무, 너도밤나무 등의 잡목에 맞는다.

⑫ 주목을 중심으로 한 잡목 세 그루 붙이기

단풍나무, 너도밤나무 등에 맞는다.

⑬ 느티나무 세 그루 붙임

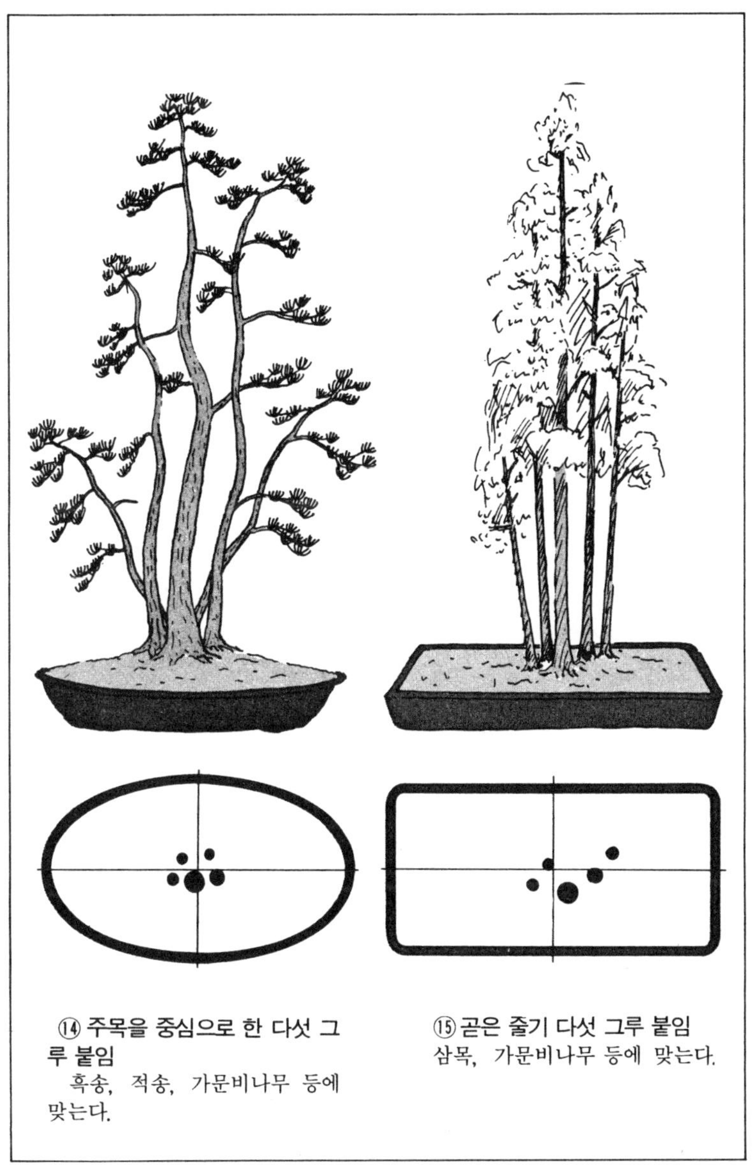

⑭ 주목을 중심으로 한 다섯 그루 붙임
흑송, 적송, 가문비나무 등에 맞는다.

⑮ 곧은 줄기 다섯 그루 붙임
삼목, 가문비나무 등에 맞는다.

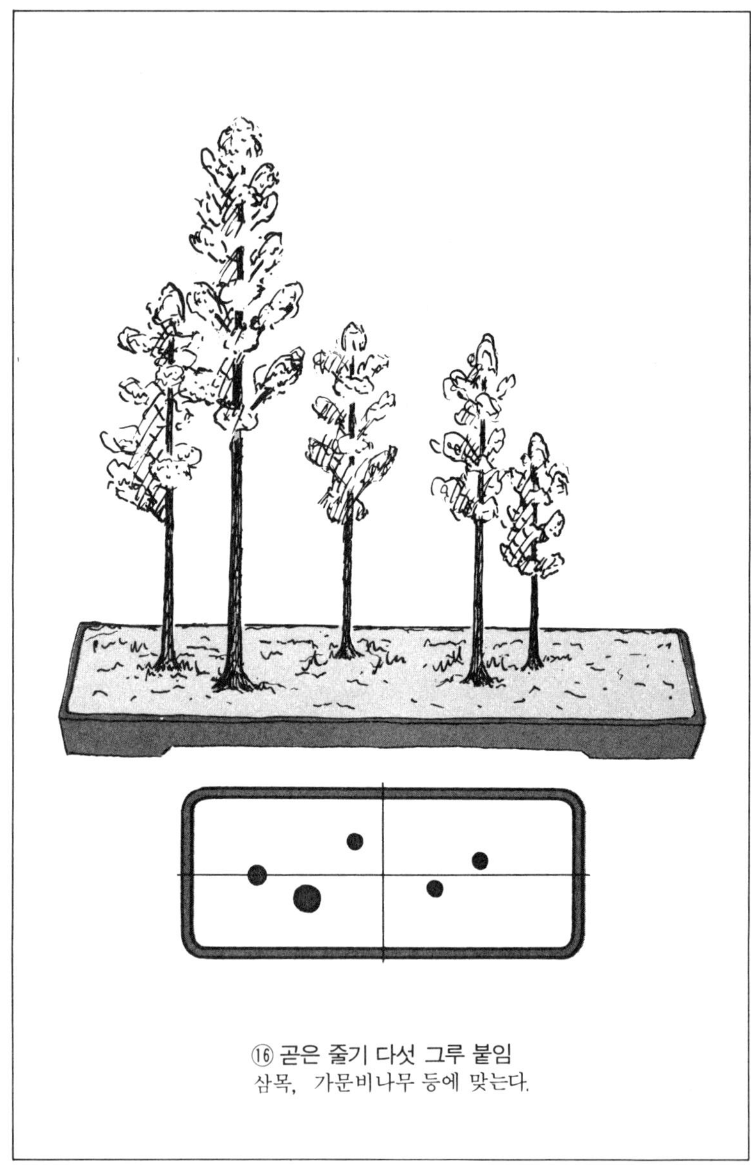

⑯ 곧은 줄기 다섯 그루 붙임
삼목, 가문비나무 등에 맞는다.

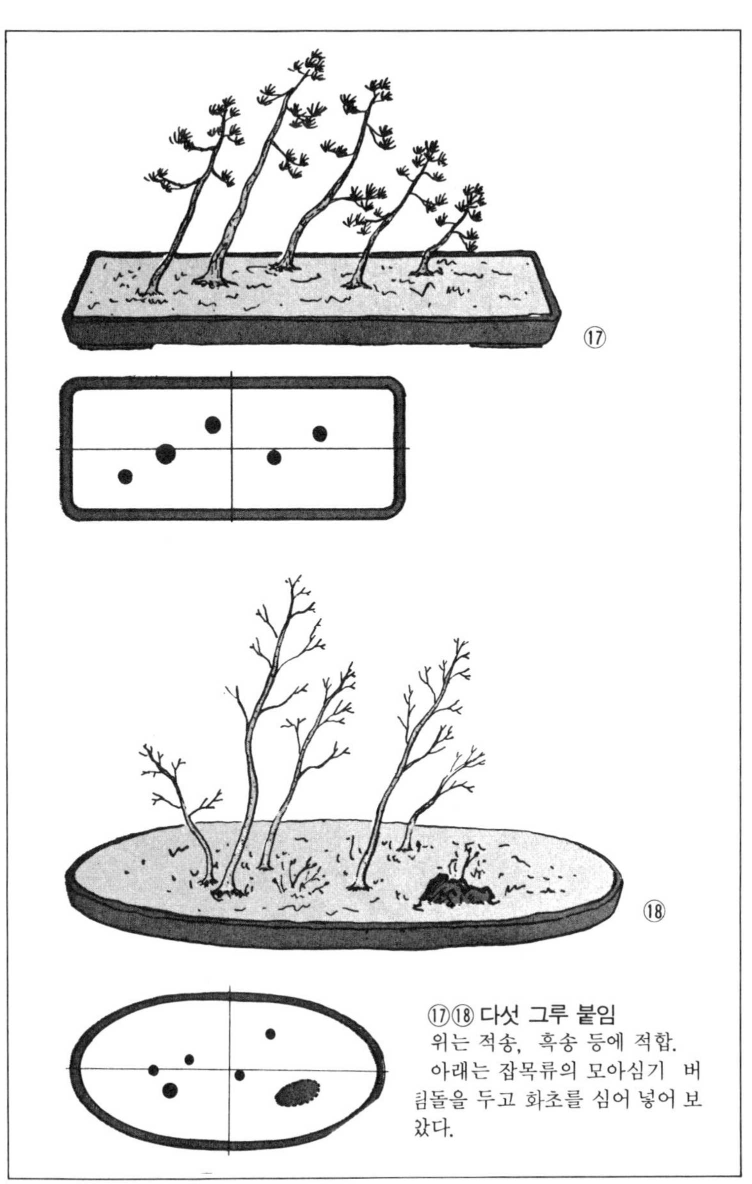

⑰⑱ 다섯 그루 붙임
위는 적송, 흑송 등에 적합.
아래는 잡목류의 모아심기 버림돌을 두고 화초를 심어 넣어 보았다.

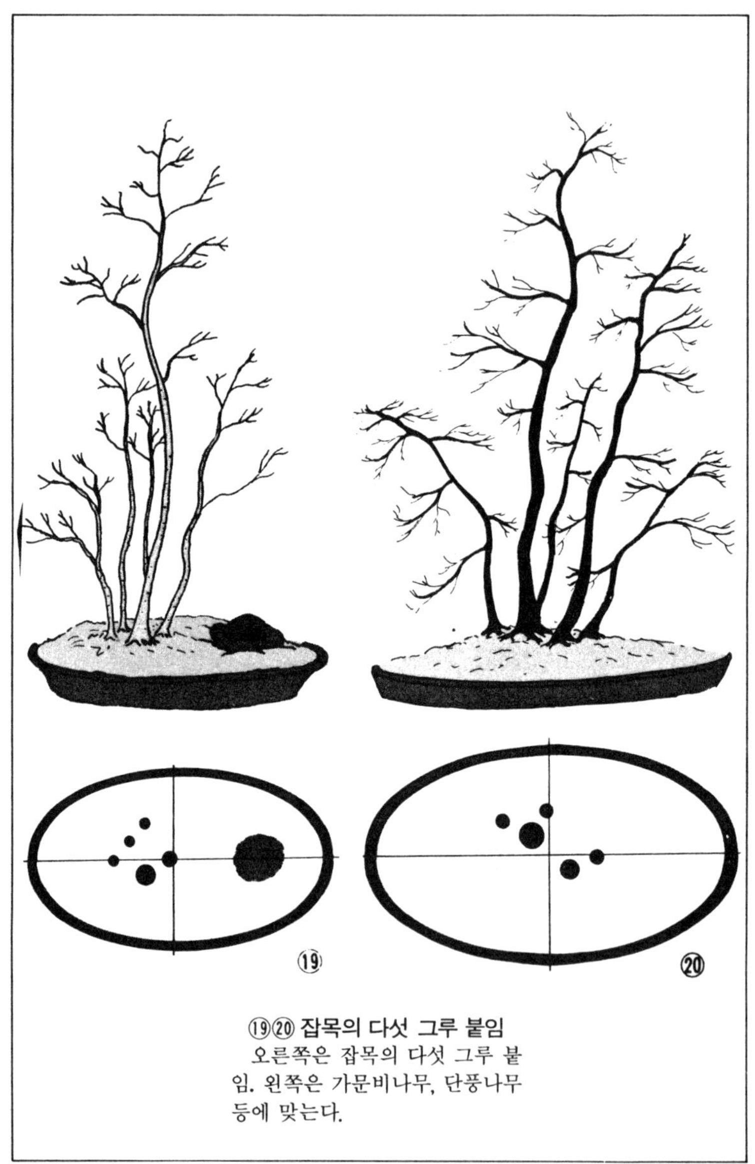

⑲⑳ 잡목의 다섯 그루 붙임

오른쪽은 잡목의 다섯 그루 붙임. 왼쪽은 가문비나무, 단풍나무 등에 맞는다.

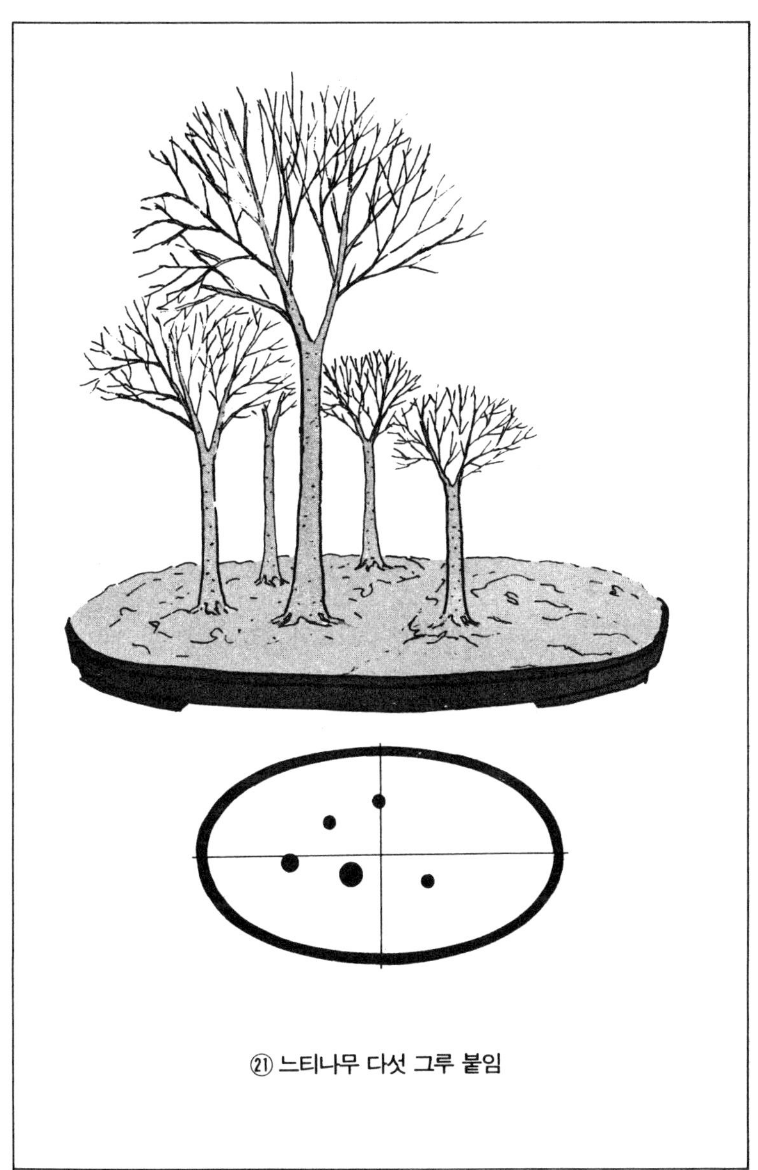

㉑ 느티나무 다섯 그루 붙임

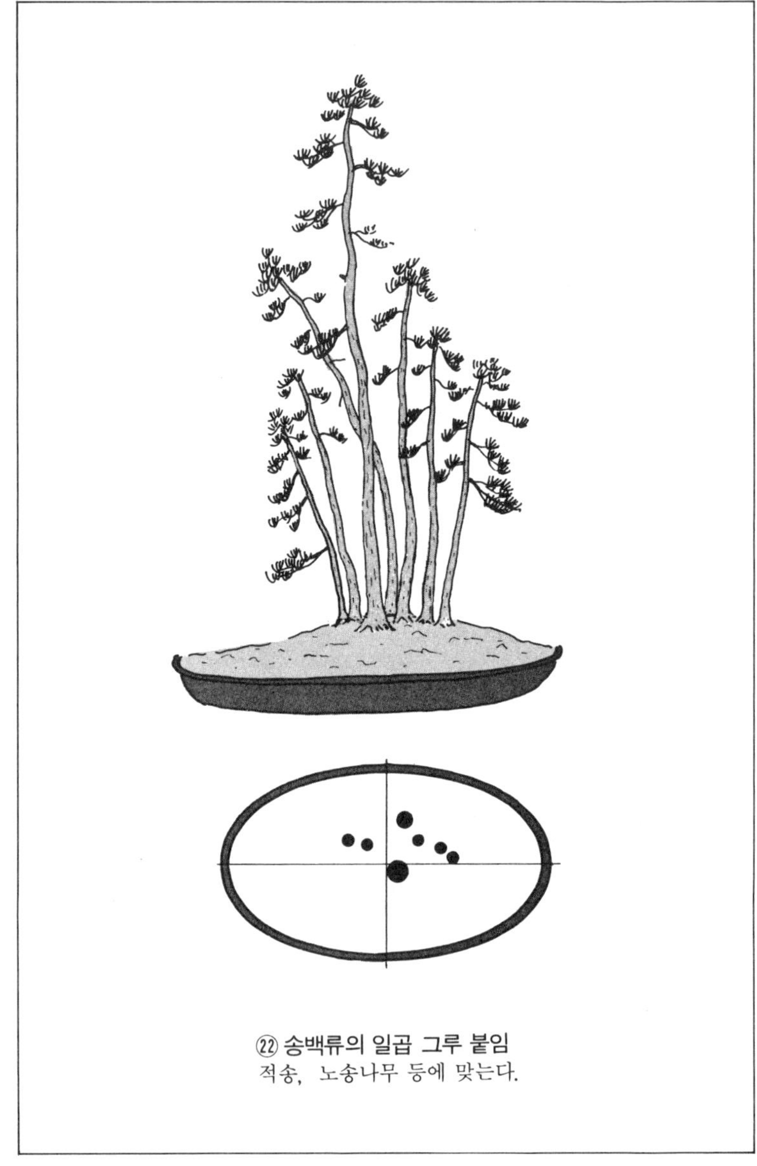

㉒ 송백류의 일곱 그루 붙임
적송, 노송나무 등에 맞는다.

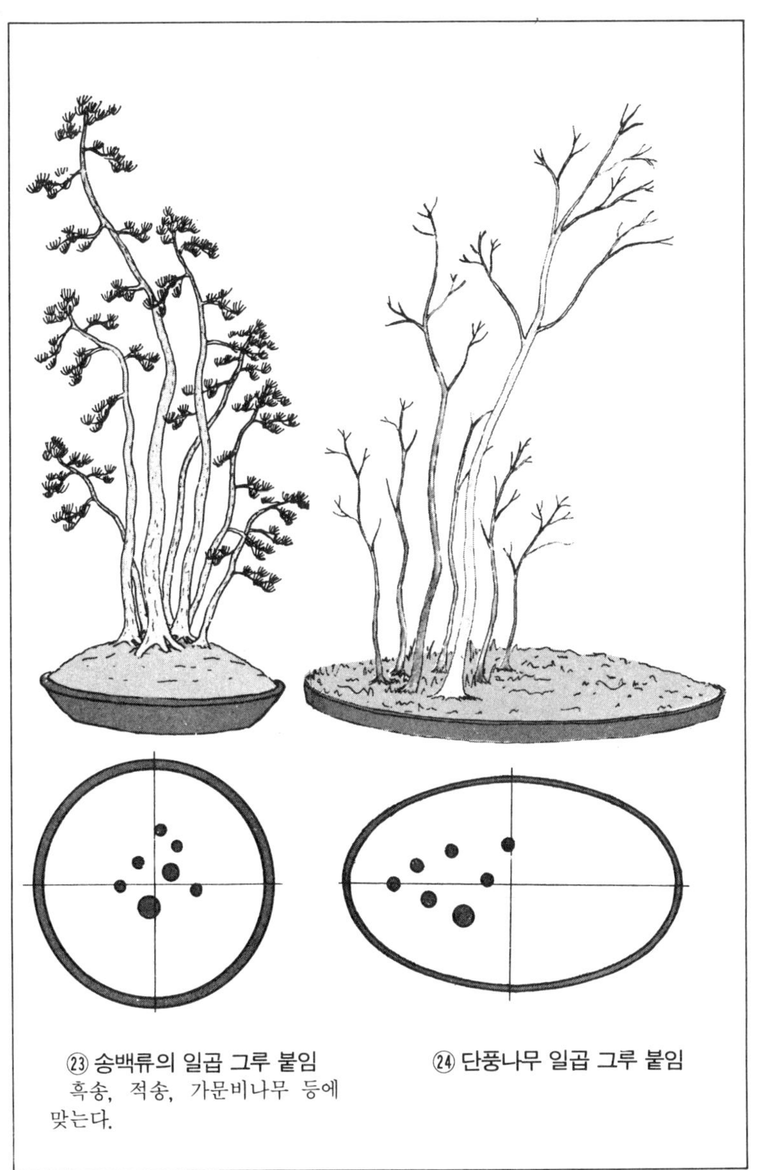

㉓ 송백류의 일곱 그루 붙임
흑송, 적송, 가문비나무 등에 맞는다.

㉔ 단풍나무 일곱 그루 붙임

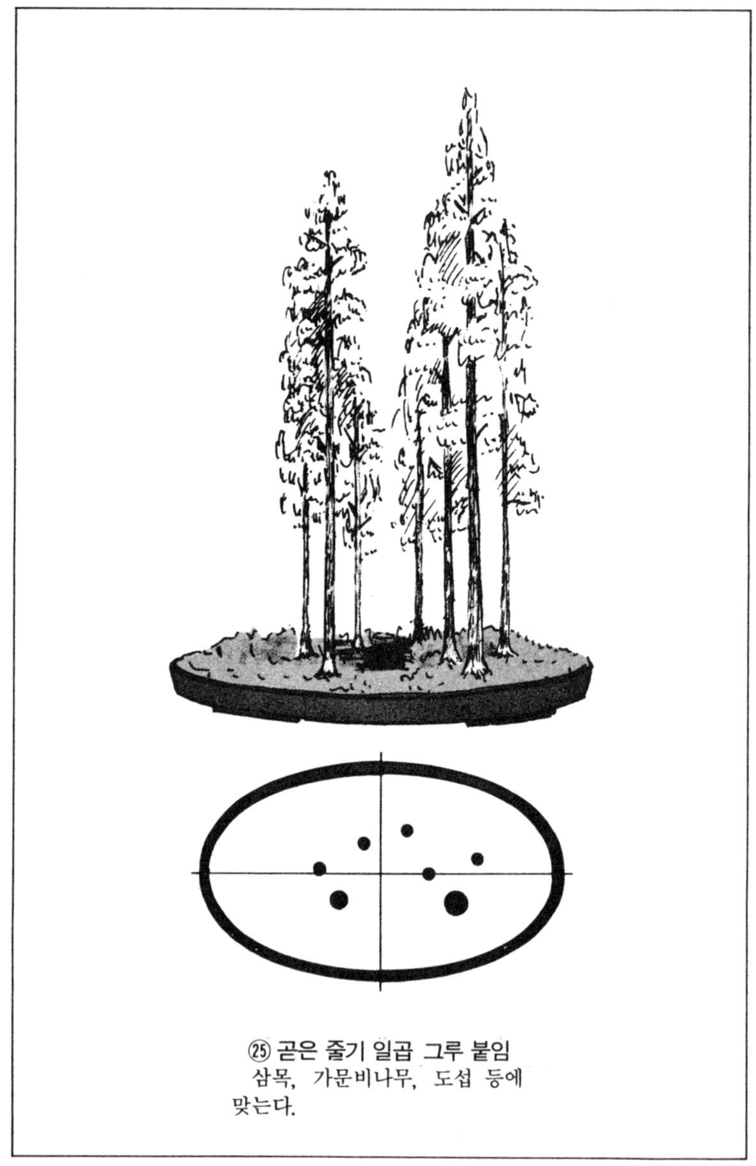

㉕ 곧은 줄기 일곱 그루 붙임
삼목, 가문비나무, 도섭 등에 맞는다.

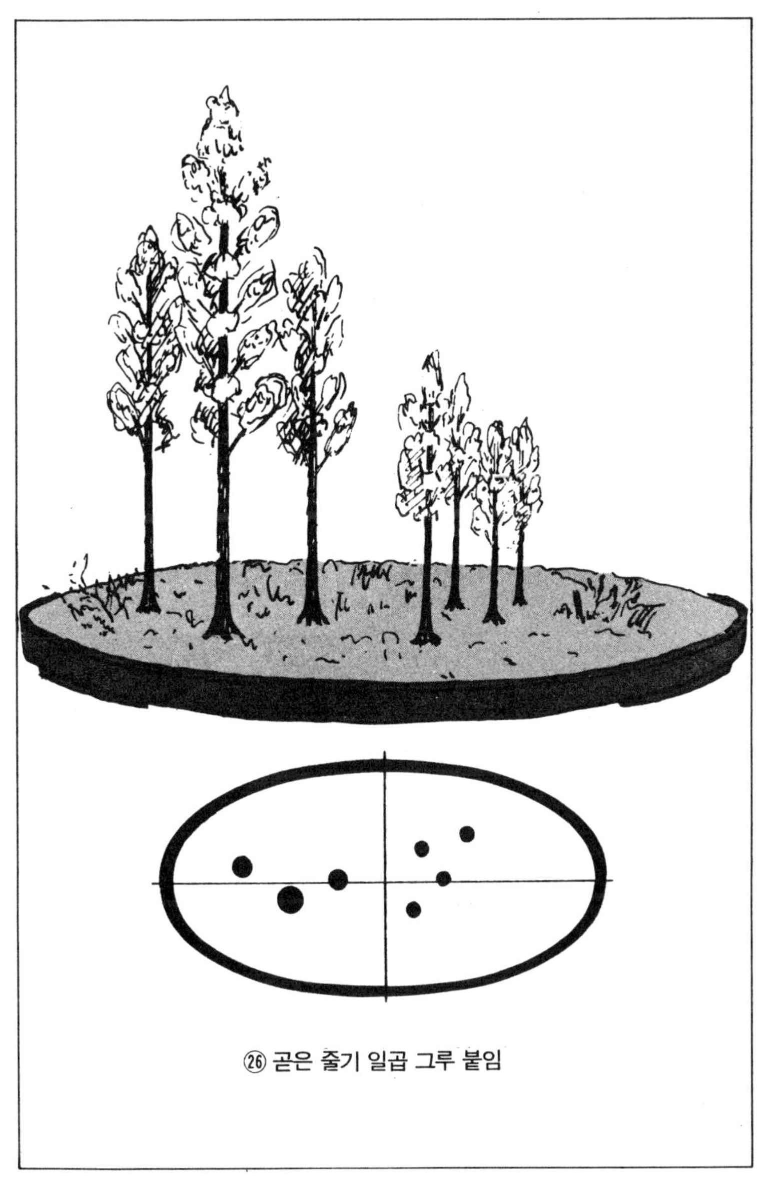

㉖ 곧은 줄기 일곱 그루 붙임

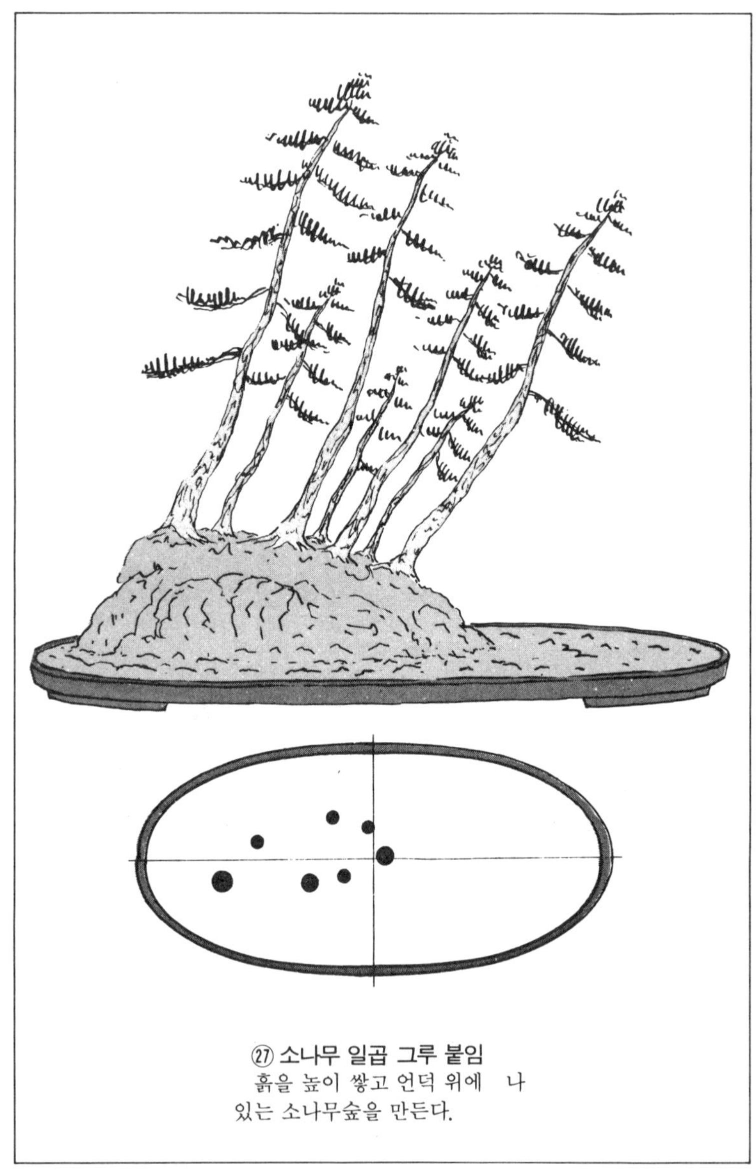

㉗ 소나무 일곱 그루 붙임
흙을 높이 쌓고 언덕 위에 나 있는 소나무숲을 만든다.

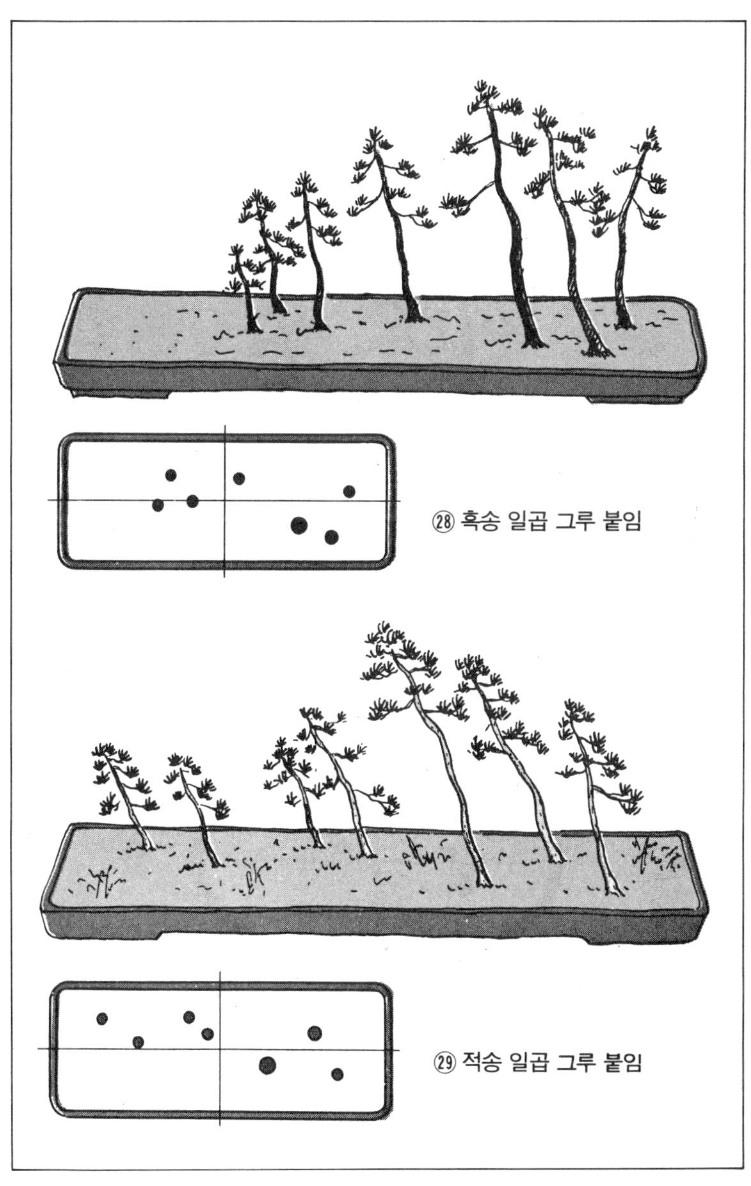

㉘ 흑송 일곱 그루 붙임

㉙ 적송 일곱 그루 붙임

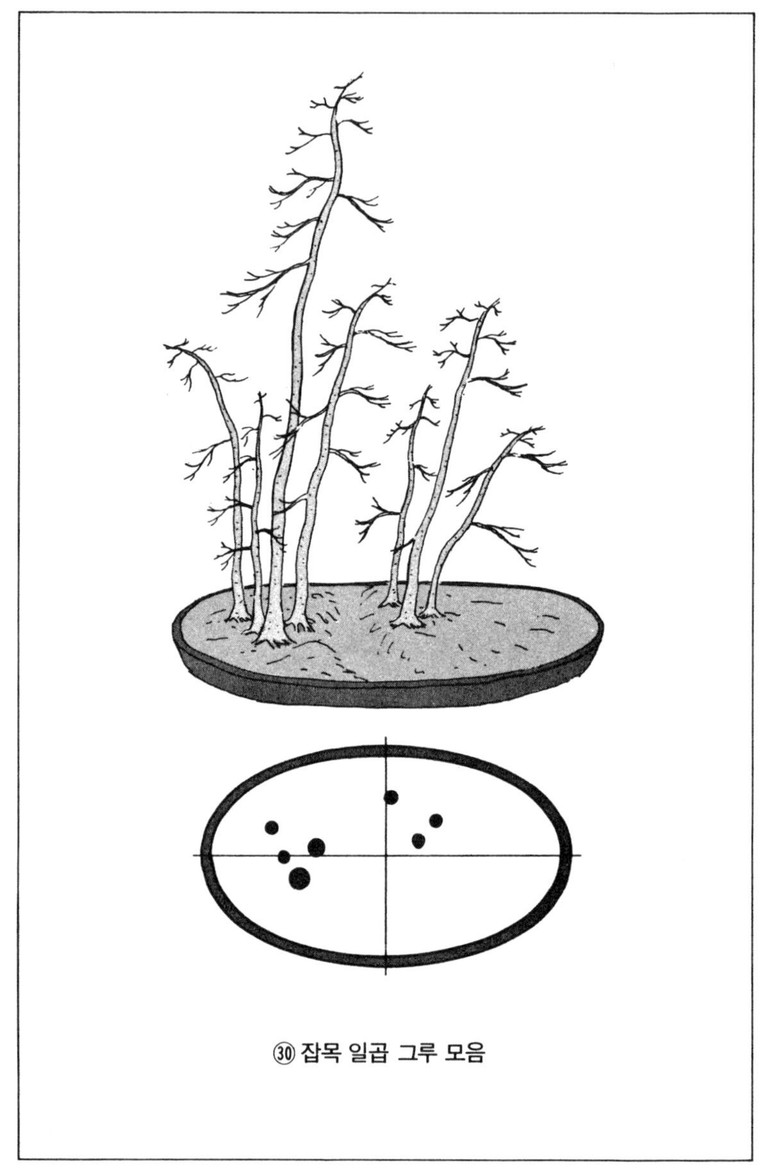

㉚ 잡목 일곱 그루 모음

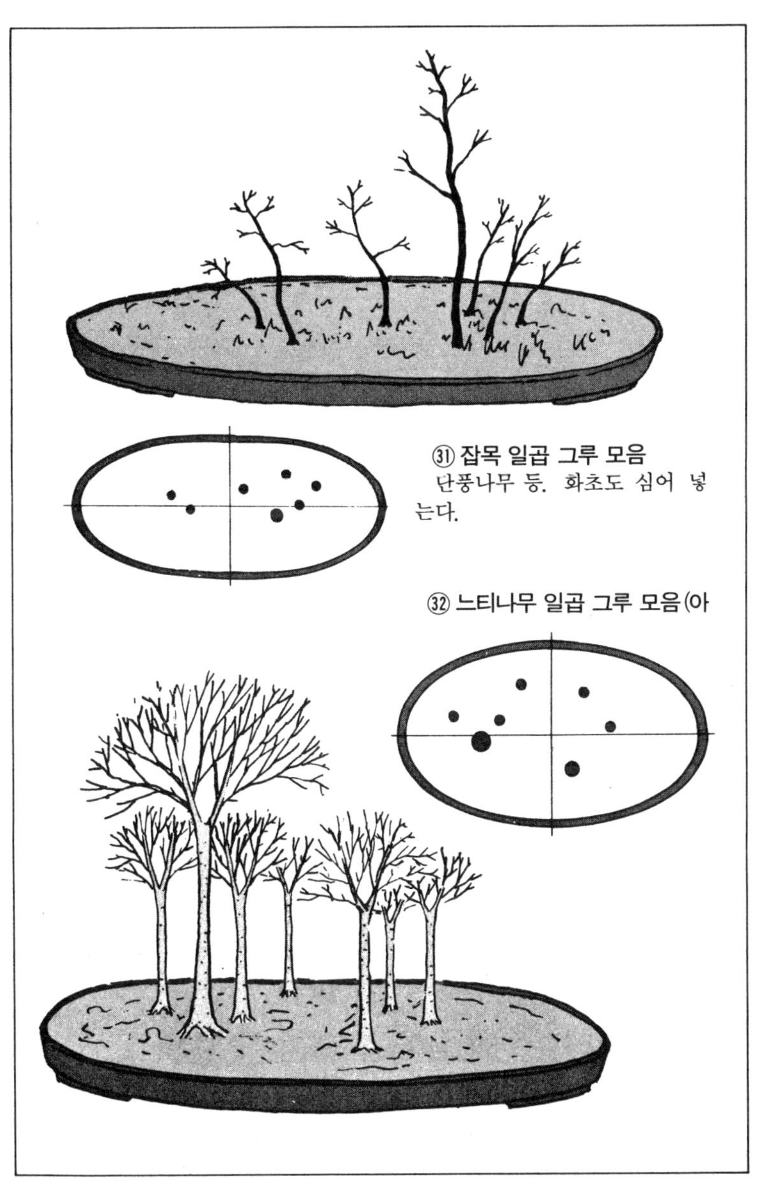

㉛ 잡목 일곱 그루 모음
단풍나무 등. 화초도 심어 넣는다.

㉜ 느티나무 일곱 그루 모음(아

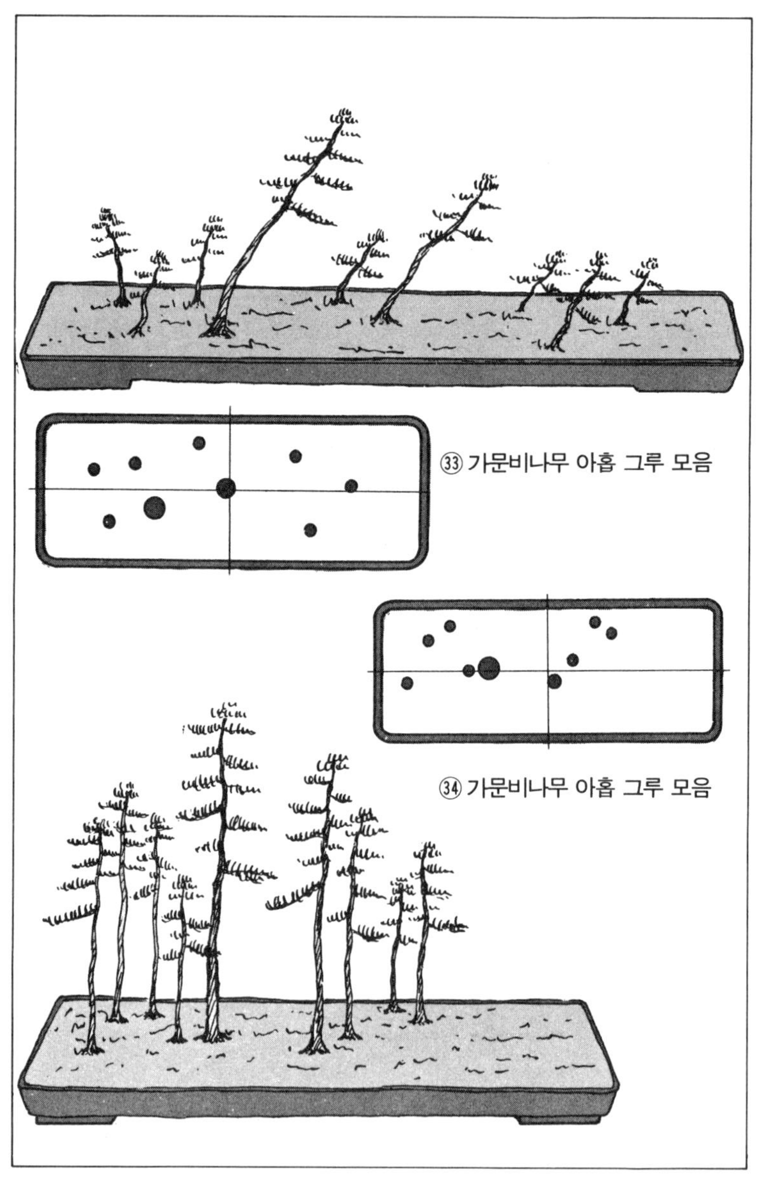

㉝ 가문비나무 아홉 그루 모음
㉞ 가문비나무 아홉 그루 모음

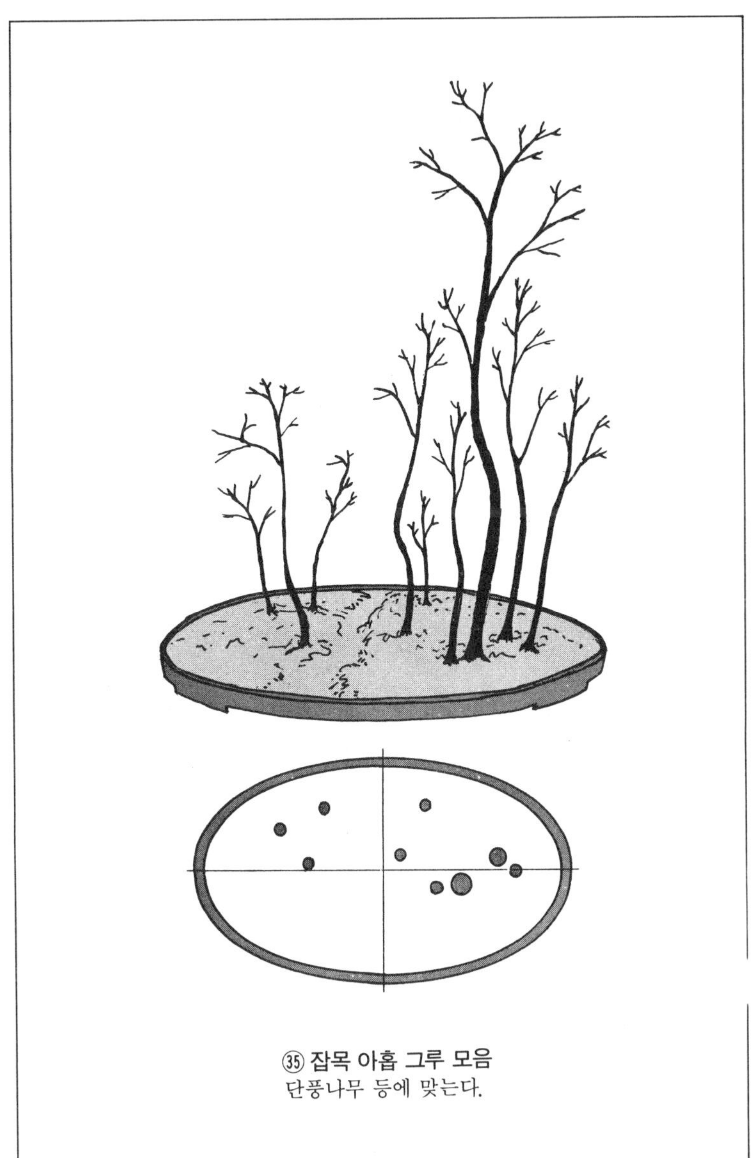

㉟ 잡목 아홉 그루 모음
단풍나무 등에 맞는다.

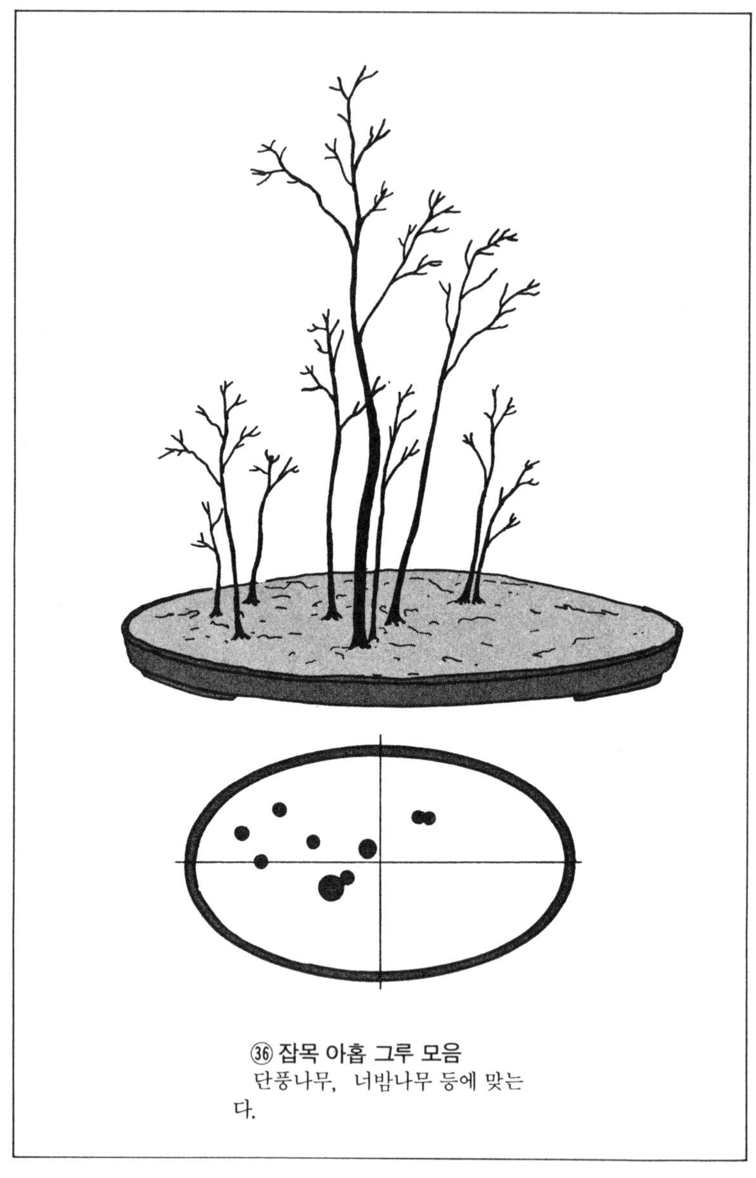

㊱ 잡목 아홉 그루 모음
단풍나무, 너밤나무 등에 맞는
다.

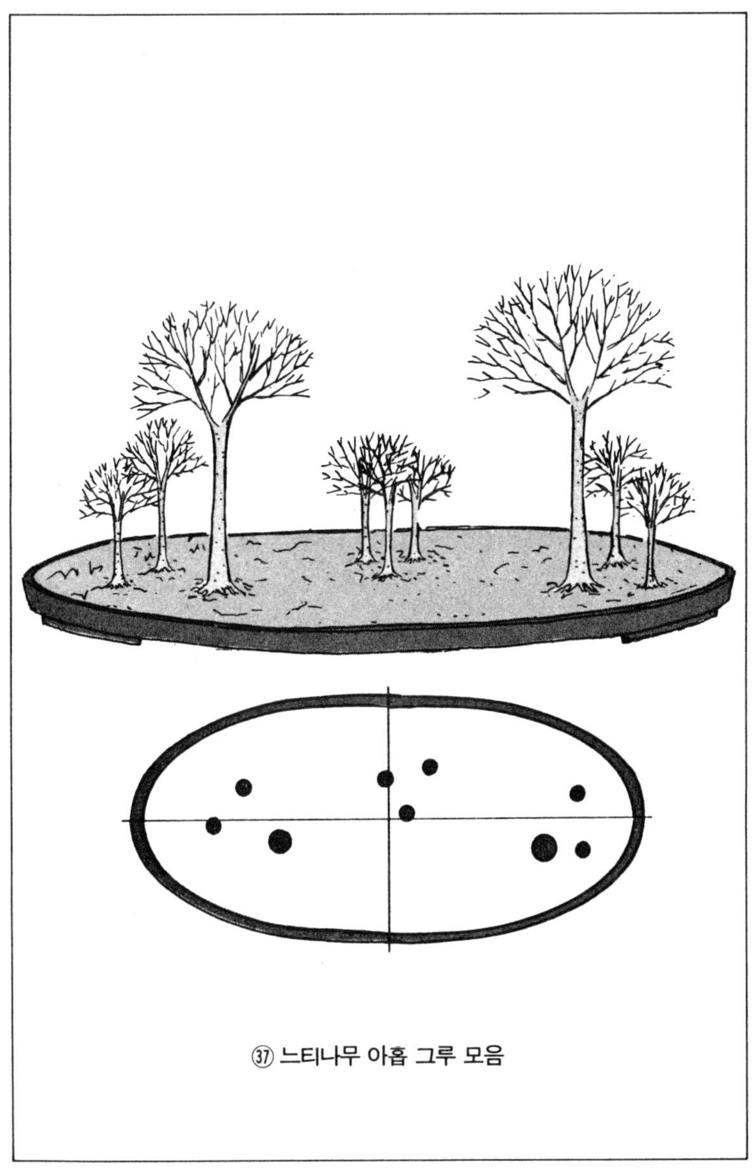

㊲ 느티나무 아홉 그루 모음

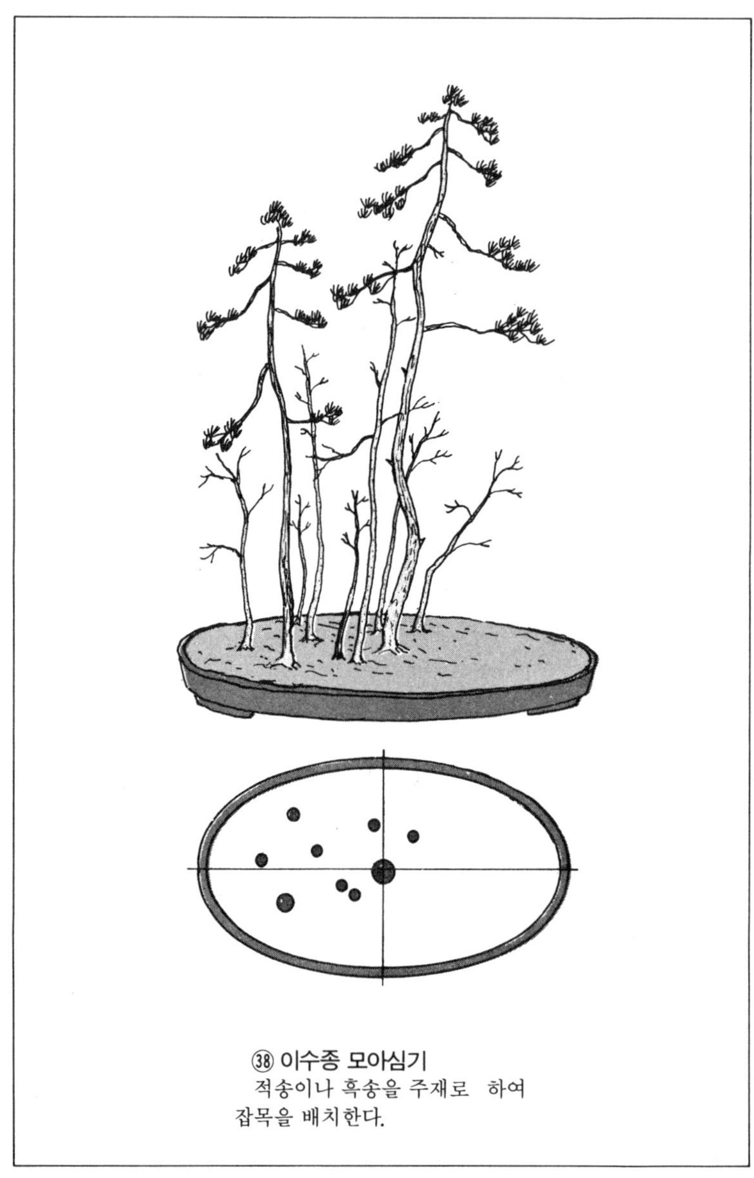

㊳ 이수종 모아심기
적송이나 흑송을 주재로 하여 잡목을 배치한다.

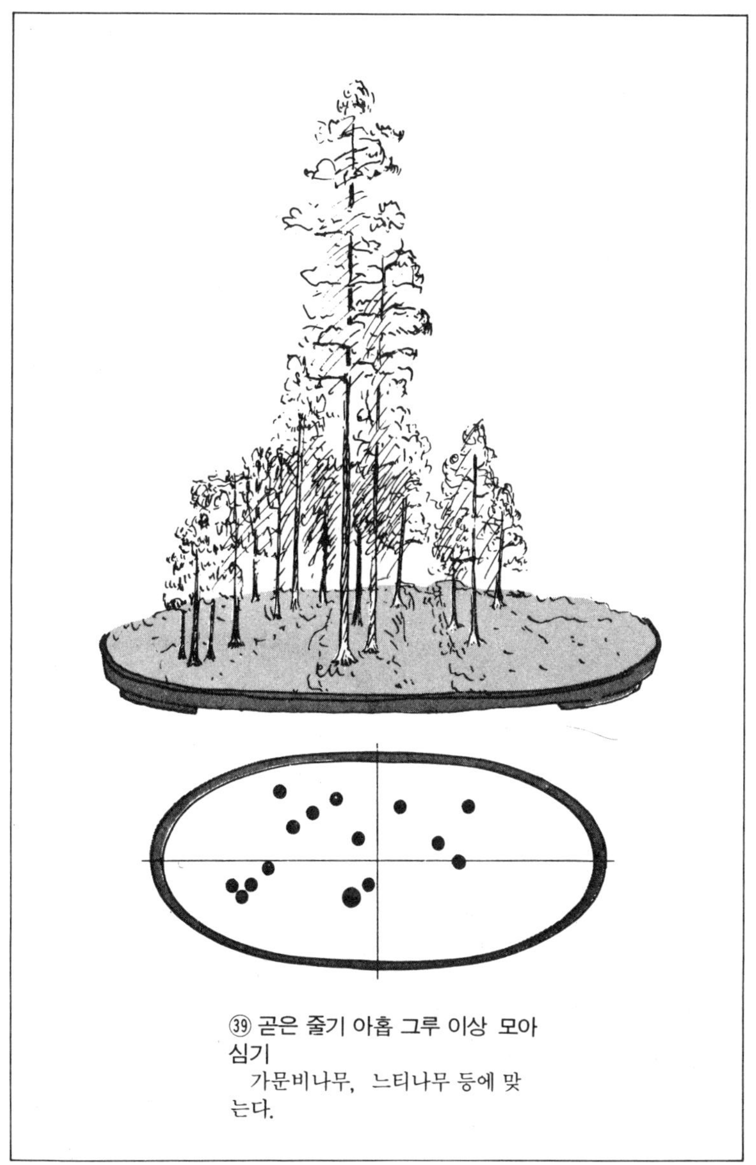

㊴ 곧은 줄기 아홉 그루 이상 모아심기

가문비나무, 느티나무 등에 맞는다.

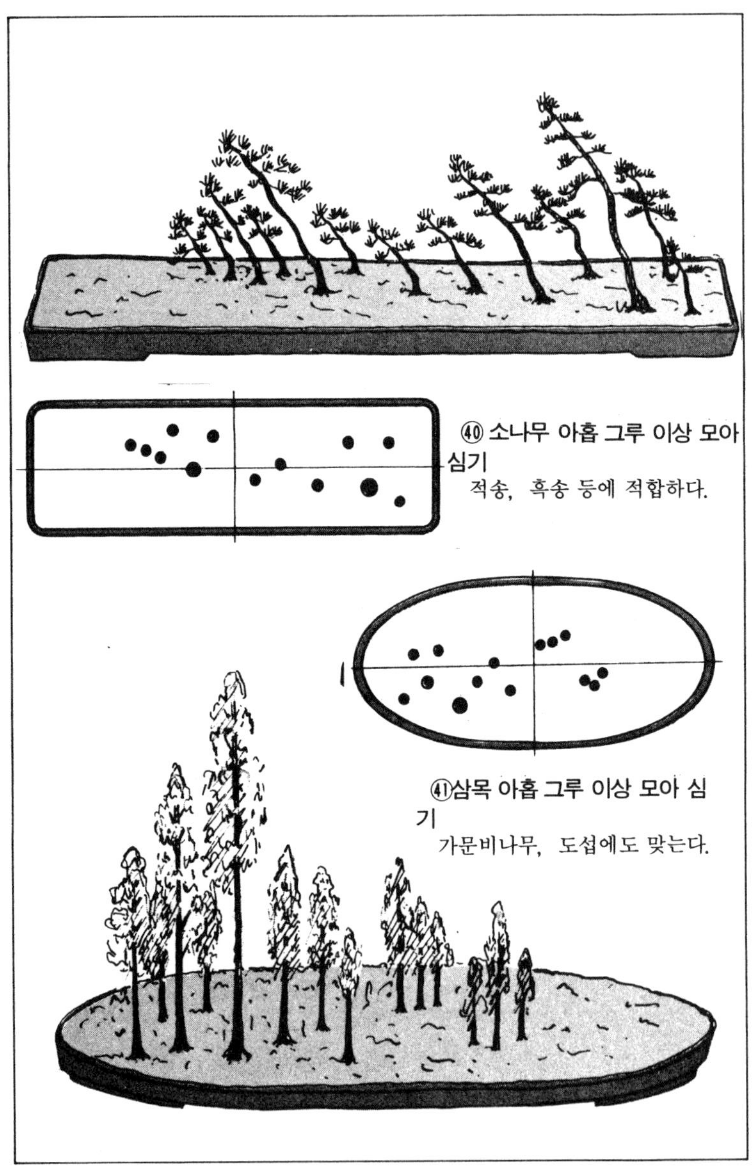

⑩ 소나무 아홉 그루 이상 모아 심기
적송, 흑송 등에 적합하다.

⑪삼목 아홉 그루 이상 모아 심기
가문비나무, 도섭에도 맞는다.

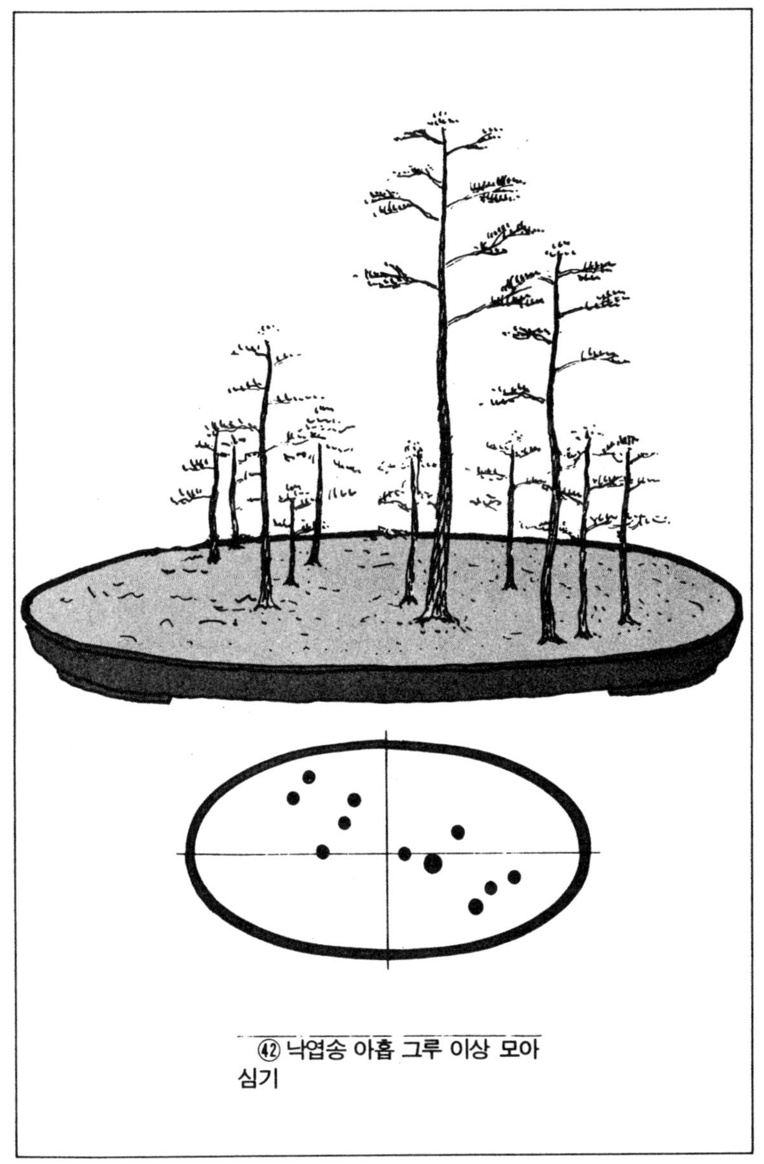

㊷ 낙엽송 아홉 그루 이상 모아 심기

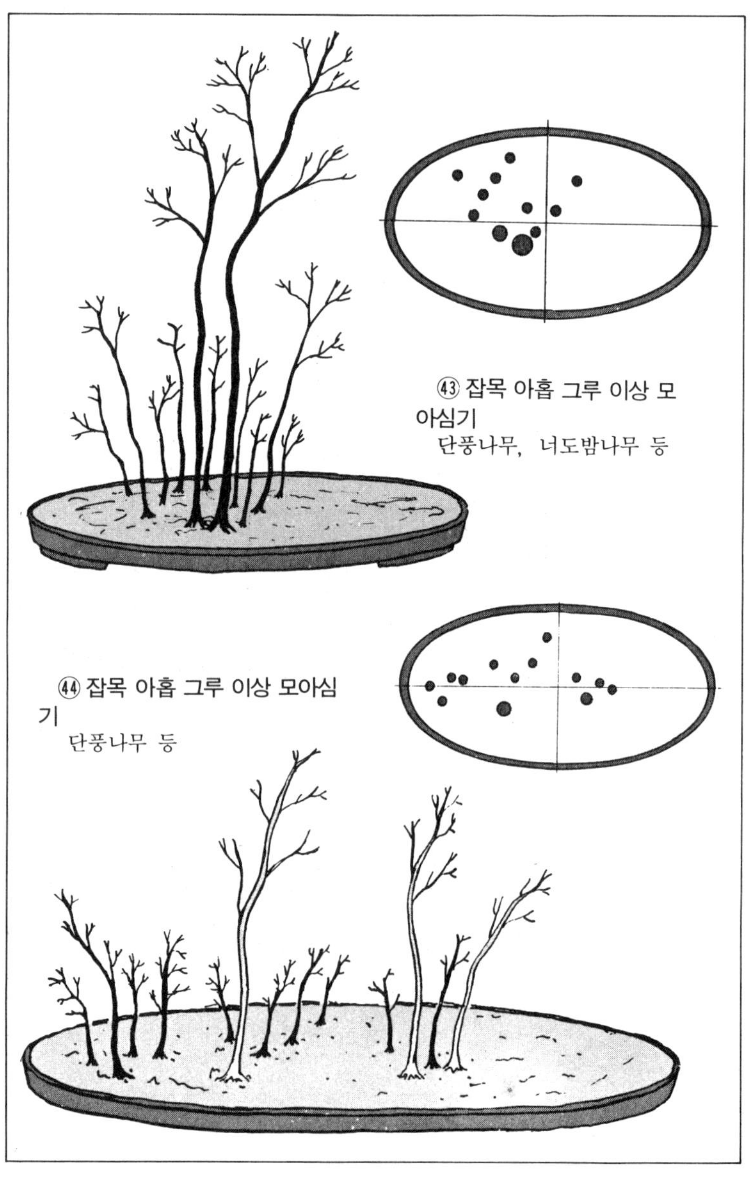

㊸ 잡목 아홉 그루 이상 모아심기
단풍나무, 너도밤나무 등

㊹ 잡목 아홉 그루 이상 모아심기
단풍나무 등

• 모아심기의 깊이를 내는 비결

모아심기 분재는 우리들이 일상 신변에 접하고 있는 자연의 잡목림, 해변의 송림 등의 풍경을 몇그루의 나무를 사용하여 화분 위에그려 내는 것인데 모아심기에서 가장 어려운 것은 어떻게 자연의 넓이를 만들어 내느냐 하는 것이다. 자연의 넓이를 만들어 낼 수 있는가 못하는가로 그 분재의 평가가 결정된다 해도 과언은 아니다.

그러면 어떻게 하면 자연의 넓이를 만들어 낼 수 있는가. 그러기 위해서 초심자들은 우선 '깊이'를 만들어 낼 결심을 하는 것이 좋을 것이라고 생각한다.

앞에서 깊이 만들어 내는 법 그림을 몇점 싣고 있으나 20그루 이하의 모아심기 분재인 경우 주목(예인이 되는 나무로 가장 키가 크고 가지도 굵은 것)을 앞에 배치하고 첨가목을 뒤에 배치한다.

이 때 첨가목은 주목 보다 키도 작고 가지도 가늘고 잎이 더 작은 것이 아니면 깊이를 느낄 수 없다.

20그루 이상인 경우는 주목 앞에도 첨가목을 두지만 20그루 이상의 모아심기가 되면 뿌리가 서로 엉켜아무래도 빨리 약해짐으로 나는 권하고 있지 않다.

또 각각의 가지가 겹치지 않고 주목 뒤에 보일듯 말듯 한 편이 자연을 느끼게 된다. 그러나 가지가 겹쳐지지 않는 편이 좋다고 해도 자연림에서는 상당한 가지가 교차되고 있는 것이다. 어떤 책을 보아도 교차 가지, 교차 잎이 있어서는 좋지 않다고 쓰여져 있으나 한 개 정도는 교차 가지가 있어도 자연스러운 깊이를 느낄 수 있다고 나는 생각하고 있다.

그리고 모아심기 분재에는 반드시 흐름이 필요한데 분재 전체의 흐름 방향으로 작은 나무를 배치해 가는 것도 깊이를 내는 한 가지 요령이다. 그 때 전체 흐름의 반대 방향에 향하는 나무를 1～2그루 첨가해 주면 분재가 정돈되고 깊이가 더욱 생기게 된다.

모아심기 분재

만드는 방법의 비결 15 포인트

누구나 가까이 하며 친해질 수 있는 것이 모아심기 분재이다. 여기에서는 모아심기의 기초지식, 만드는 법, 배식의 비결을 정리해 보았다.

(1) 소재는 자유로이 선택할 것

분재 소재 선택에서는 사방으로 뿌리가 뻗어 있고 가지가 모양이 있고 가지수가 많은 나무가 좋다고 일컬어 지고 있는데 이것은한그루로 독립된 한그루 대분재를 만들 때의 이야기이다.

모아심기는 한그루의 나무로는 별볼일 없는 나무라도 몇그루인가를 모으는 것으로 서로의 결점을 보완하여 하나의 집합미를 나타내는 것이므로 뿌리가 한쪽에 치우쳐 있어도,가지가 한쪽에 쏠려 있더라도 소재로서 살릴 수가 있다.

뿌리가 치우친 나무는 첨가목으로서 사용하면 좋고 가지가 치우친 나무는 숲 끝을 표현할 때 편리하다.

한그루의 나무로서 손색이 없는 나무는 많은 나무를 모을때 그나무 만이 눈에 띄어 오히려 어울리지 않는 분재가 만들어 지는 일도 있다.

모아심기 소재를 구할 때는 뿌리 뻗음이나 가지수 등은 그다지 중요하지 않다. '굵은 것은 길게, 가는 것은 짧게' 라는 식으로 자연의 풍경을 만들기 쉬운 소재를 자유로이 선택하기 바란다.

(2) 잎 모양이 같은 것을 선택할 것

동일 소재로 모아심기를 만들 때는 가능한 잎 모양이 같은 것을

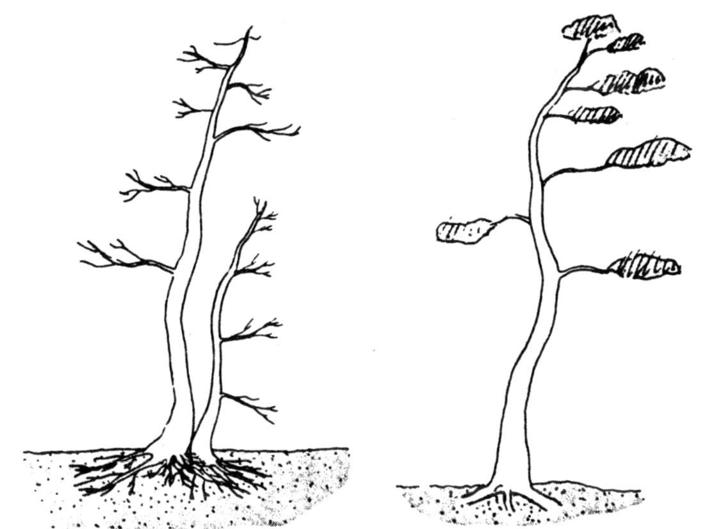

① (ㄱ) 편근은 첨가목에 좋다. (ㄴ) 편지(片枝)는 숲 끝에 맞는다.

준비하는 편이 아름다운 분재가 된다.

식물은 각각 개체적 차이가 있지만 산지에 따라 차이가 나기도한다.

예를 들면 너도밤나무는 태평양쪽은 잎이 작고 일본해쪽은 잎이 크다. 이것은 자연 환경에 적응하기 위해 오랜 세월 동안에 만들어진 그 나무의 성질이므로 배양 관리로 같은 잎 모양을 만드는 것은 불가능하다.

소재를 선택할 때는 동일 산지에서 얻은 같은 잎 모양의 나무를 선택하도록 한다.

(3) 차지(車枝) 등은 정리해 둘 것

모아심기를 만들 때는 배식을 생각하여 소재 중에서 너무 뻗은 가

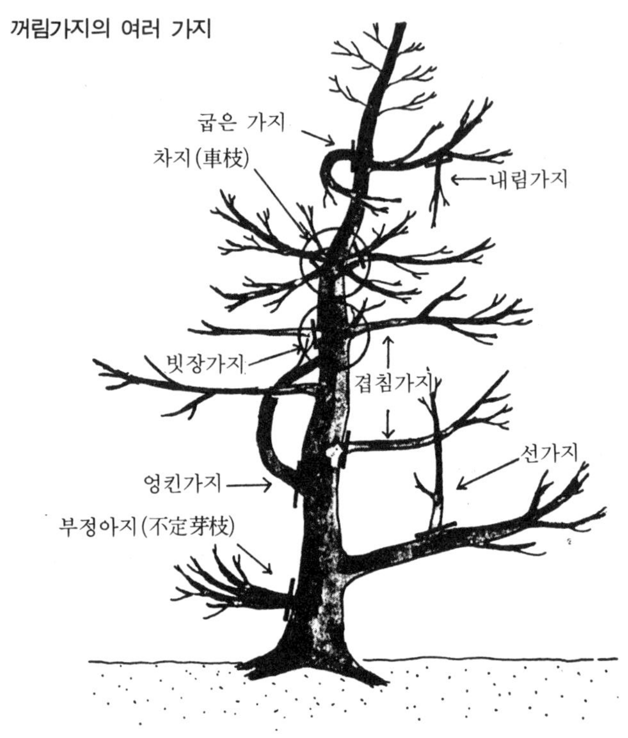

꺼림가지의 여러 가지

지나 불필요한 가지를 대강 정리해 둔다.

초보자는 불필요한 가지라고 해도 좀처럼 알기 어려워 정리하는 데 있어서 헤매는 일이 있다.

분재에서는 관상상 보기 싫은 가지라는 의미로 꺼림가지라고 불리우는 것이 있으므로 참고로 하는 것도 편리하다.

꺼림가지라고 해서 반드시 전부 없애는 것은 아니다. 부근에 가지가 없을 때는 꺼림가지라도 이것을 살리지 않으면 안됨으로 어디까지나 배식을 생각하여 실시한다.

(4) 각이 눈에 띄지 않는 화분을 사용할 것

모아심기에 사용하는 화분은 추원이나 환형 화분이 좋은 것 같다.

자연의 경치를 표현한 모아심기에서는 주위의 분위기에 조화되고 어울리는 것이어야 한다.

정방형이나 장방형은 각이 눈에 띄어 거기에 정신이 흩어져 모아심기가 들뜨게 되어 버린다.

힘이 강한 송백류를 주목으로 한 때는 나무 자신에 힘이 있으므로 장방형이라도 화분이 눈에 띄는 일은 없으나 세간이나 잡목 등은 각이 없는 화분 쪽이 경치가 무한히 펴져 있는 듯하여 무난하다.

(5) 소재를 전부 사용하려 하지 말 것

초보자가 모아심기를 만들 때 가장 실패하기 쉬운 것이 손에 넣은 소재를 전부 하나의 화분에 심어 버리려 하는 것이다.

모아심기는 나무와 나무의 공간을 만들면서 전체의 조화를 기하는 것이므로 처음부터 뿌리 수를 정하고 심어 넣으면 무리하게 공간을 만들 경우가 생긴다.

소재를 10그루 구입했으므로 10그루 전부를 사용하고싶은 마음은 이해하지만 아름다운 모아심기를 만들기 위해서는 소재를 선택하는 것이 중요하다.

10그루의 소재가 있으면 8그루 정도로 하나의 풍경을 만들고 나머지 2그루는 다른 화분에 심거나 한그루 심기를 한다는 마음으로 여유를 가지고 만들도록 한다.

(6) 뿌리 자르는 것을 두려워 하지 않는다

초보자들은 뿌리를 자르면 나무가 말라 버리지는 않을까 하여 뿌리를 충분히 자르지 못하기 때문에 그만 등간격의 모아심기를 해 버리는 경우가 자주 있다.

이렇게 되면 나무를 붙이고 싶어도 뿌리가 겹치기 때문에 잘 붙일 수 없다.

이런 때는 겹치는 뿌리를 잘라주면 나무와 나무가 딱 조합된다.

붙일 곳은 붙이고 뗄 곳은 떼는 모아 심기를 하도록 한다.

단풍나무나 너도밤나무와 같은 잡목류는 꺾꽂이를 해도 살 정도로 생명력이 강한 식물이므로 뿌리가 움직인 때 상당히 자를 수가 있다. 잡목류는 뿌리 전체의 2/3 (송백류는 1/3) 정도 잘라도 괜찮다.

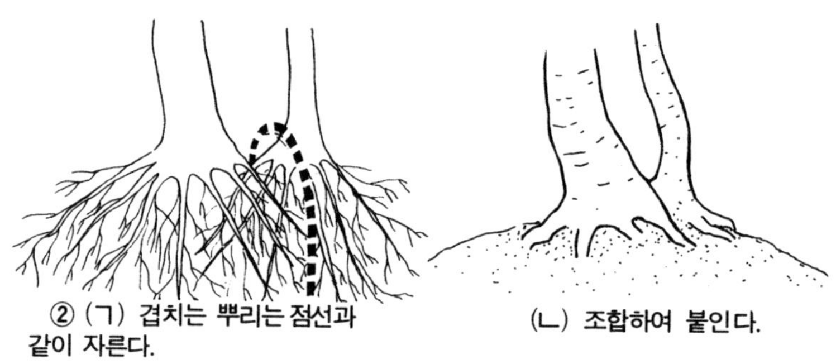

② (ㄱ) 겹치는 뿌리는 점선과 같이 자른다.

(ㄴ) 조합하여 붙인다.

(7) 주목에 붙일 나무는 주목의 곡에 맞는 나무를

같은 실생목을 소재로 해도 굵고 가늠, 길고 짧음이 있고 뿌리 모양도 가지 가지이다.

소재중에서 가장 굵고 가장 큰 나무를 주목으로 한다. 그리고 주목에 붙일 필요가 있을 때는 주목의 뿌리 모양에 맞는 나무를 붙일 나무로 선택한다.

주목 수관이 왼쪽에서 오른쪽으로 흐르고 있을 때는 붙일 나무의 수관도 왼쪽에서 오른쪽으로 흐르고 있는 것을 선택한다.

나무는 태양을 향해 뻗어 가는 것이므로 같은 장소에 자라고 있는 나무가 역방향으로 뻗고 있으면 부자연스러운 느낌이 든다.

(8) 나무가 혼자서 서 있는 듯이 뿌리를 정리할 것

하나의 화분 속에 몇개인가의 나무를 심는 것이므로 배식을 생각하거나 배식을 실시할 때 나무가 쓰러지거나 기울거나 해서는 작업이 잘 되어 가지 않는다. 나무는 혼자 화분 속에 잘 서 있어야한다. 그러기 위해서는 밑뿌리를 ④와 같이 수평으로 정리해 두어야 한다.

밑뿌리가 기울어 있거나 오목한 형이 되어 있거나 해서는 불안정하게 되어 버린다.

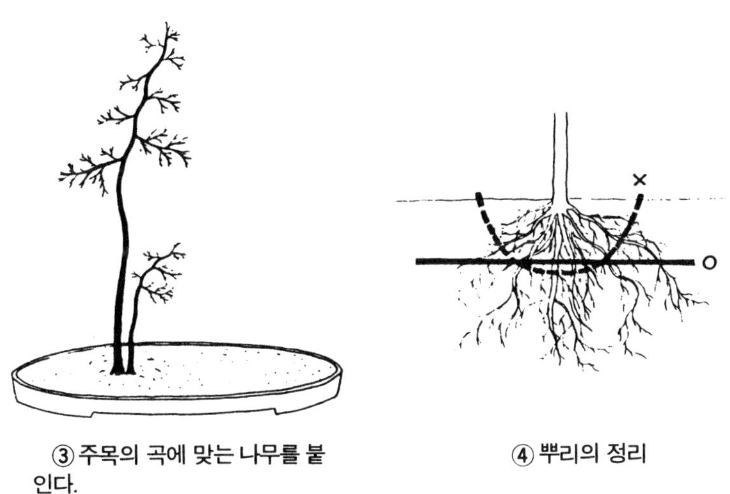

③ 주목의 곡에 맞는 나무를 붙인다.

④ 뿌리의 정리

(9) 심을 위치를 생각하여 뿌리를 정리할 것

뿌리를 정리할 때는 똑같이 정리하는 것이 아니고 그 나무가 화분 속의 어느 위치에 심어질 것인가를 생각하여 자르는 것이 중요하다.

화분 중심 가까이 몇그루의 나무가 함께 심어진 나무는 뿌리 생육 장소가 적고 반대로 모서리 쪽에 심어진 나무는 공간이 있어 뿌리가 생육할 장소도 많아진다. 그러므로 뿌리를 정리할 때는 생육하기 어려운 곳의 뿌리를 긴듯하게 남기고 생육하기 쉬운 곳의 뿌리는 깊이 잘라 각각의 나무에 평등하게 힘이 가도록 한다.

⑽ 뿌리와 뿌리가 겹치지 않도록 심을 것

나무를 붙여 갈 때는 화분을 전후 좌우에서 보며 뿌리와 뿌리가 겹치지 않도록 한다.

다수의 나무를 모아심을 때 모든 뿌리가 겹치지 않도록 하는 것은 어렵지만 가능한 뿌리가 겹쳐지지 않도록 심어 넣는다.

⑾ 나무를 고정하기 전에 전체를 볼 것

모아심기를 만들 때는 심어 넣으면서 나무가 바람이나 물뿌리개 등에 의해 움직이지 않도록 화분 바닥에서 통하는 철사로 나무를 고정시키는데 고정시키기 전에 반드시 다시 한번 전후 좌우에서 보아 뿌리가 겹쳐져 있지는 않은가, 사이에 이상한 점은 없는가 하는 것을 잘 관찰한다.

⑿ 배식이나 화분 구멍의 위치로 고정하는 방법을 생각할 것

나무를 화분에 고정시키는 것은 바람이나 운반 때 나무가 움직이지 않도록 하기 위해서이다.

나무가 움직여서는 새로운 뿌리의 발근이 나빠진다.

고정 방법은 화분 바닥을 통과하는 철사로 나무를 묶는 것이 일반적이지만 배식에 따라서는 그림과 같은 방법도 있다. 또 화분구멍이 적거나 직선적으로 뚫려 있거나 하여 나무를 잘 연결할 수 없을 때는 그림⑤(ㄴ)과 같이 비닐 끈이나 새끼로 가지와 화분을 묶어 고정한다.

⒀ 작업중에 뿌리를 건조시키지 않을 것

다수의 나무를 심어 넣을 때는 작업에 예상 이상의 시간이 걸리므로 뿌리를 정리한 나무를 그대로 바깥 공기에 놓아 두면 뿌리가 건조되어 버린다.

뿌리가 마르면 발근이 늦어 지거나 말라 죽는 원인이 된다. 작업

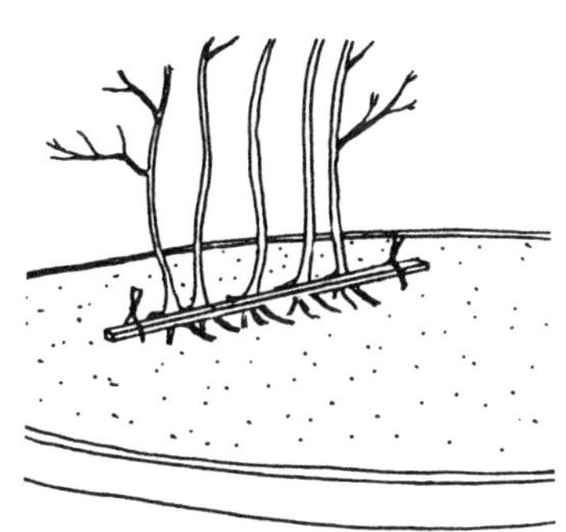

⑤ (ㄱ) 젓가락이나 대나무로 나무를 고정하는 방법

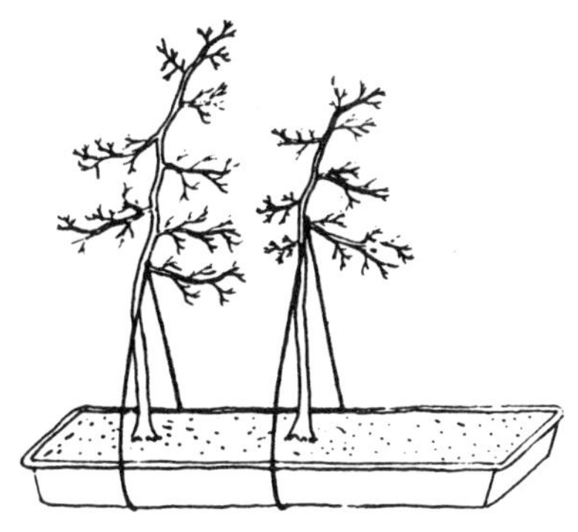

(ㄴ) 가지에 끈을 묶어 고정하는 방법

중에도 때때로 분무기로 조원에 습기를 뿜어 주는 정도의 배려가 필요하다.

작업중에 손을 놓고 분무기를 사용하는 것이 성가신 사람은 물에 젖은 물이끼나 헝겊으로 뿌리를 싸 두어 외기에 쐬이지 않는 것도 한가지 방법이다.

⒁ 수세가 강한 부분은 억제할 것

모아심기는 화분 속의 나무가 서로 돕고 서로 돌보는 가운데 조화가 유지되고 집합의 미가 살아 나는 것이다.

한그루의 나무나 일부분에 만 수세가 모이게 되면 조화가 깨지고 세력 싸움이 일어남으로 그와 같은 부분은 잎 자름을 실시하고 가지를 잘라 수세를 억제해 준다.

한그루의 나무로는 나타낼 수 없는 집합미를 나타내고 있는 것이 모아심기이므로 항상 화분을 관찰하여 화분 전체에 힘이 평행하게 작용하도록 관리한다.

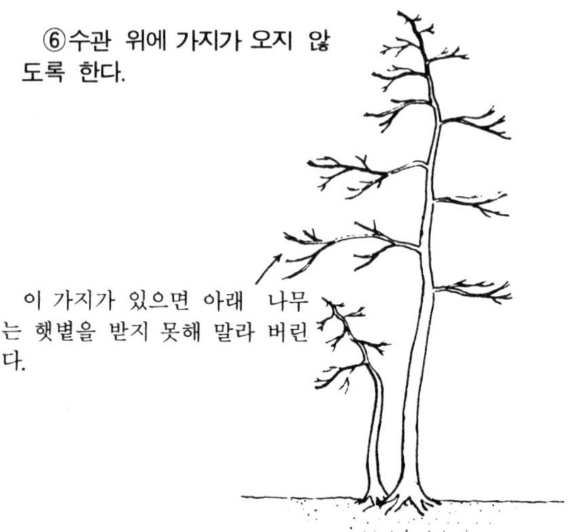

(15) 가지나 잎이 뻗은 모습을 상상하여 배식할 것

모아심기를 할 때는 뿌리가 움직이기 시작하고 새싹이 돋기 시작할 때로 나무는 아직 가지나 잎이 뻗어 있지 않은 상태이다.

초보자가 이 시기에 모아심기를 시작하면 그만 뿌리 모양만을 생각하여 배식을 해 버려 가지나 잎이 나기 시작하면 자신이 생각했던 것과는 전혀 다른 모양이 되어 놀랍게 되는 것이다.

나무는 하루 하루 성장하는 것이므로 배식을 생각할 때는 미리 그 나무가 지엽을 뻗기 시작하면 어떤 모습이 될것인가를 예상할 필요가 있다.

작은 나무의 수관에 큰 나무 가지가 덮히거나 하면 작은 나무는 태양 광선을 받지 못해 생육을 못하고 말라 죽는 것이 자연의 법칙이다.

모아심기를 할 때는 현재 모습만을 생각하지 말고 나무의 생장, 사계의 변화, 5년 후, 10년 후의 모습을 상상하여 만들도록 한다.

동일 소재로 만드는 모아심기 사태

● 실생 4년의 너도밤나무를 소재로 하여

모아심기란 모아심기란 하나의 화분 속에 몇그루인가의 나무나 풀을 주제로하여 때로는 돌을 넣기도 하여 집합미로서의 자연 경치를 화분에 표현하는 것이다.

우리들이 주변에 접하고 있는 전원, 들이나 산의 사계, 계곡, 바다나 강가에 나갔을 때 인상에 남았던 풍경, 그런 것을 화분 속에 그려 내는 것이 모아심기 분재이다.

한 그루 나무의 분재와 같이 그 나무가 자아내는 풍경을 관상하는 것 보다도 배식이나 조립 방법에 의해 보다 구체적으로 자신의 이미지를 강조할 수가 있다.

수종에 관하여 수종에 따라 산지에 적응하는 것, 평지나 저지대에 적응하는 것 등 각각 특징을 가지고 있다.

예를 들면 저지대성의 수종으로 산지의 풍경을 표현하려고 해도 자연스럽지 않아 자연을 화분에 표현하려는 분재로서는 어울리지 않는 것이 되어 버리는 것이다. 그러므로 모아심기를 할 때는 그와 같은 경치에 어울리는 나무의 생활환경을 생각하여 만들도록 해야 하는 것이다.

주목에 관하여 모아심기에서는 굵고 가는것, 키가 크고 작은 것 등 여러가지 소재가 이용되는데 그들 소재 중에서 가장 굵고 키가 큰 나무를 주목으로 한다.

주목은 화분 속에서 주역이 되는 나무이므로 이 나무를 중심으로 풍경을 만들어 내도록 한다.

주목을 심을 위치 모아심기는 자연의 풍경을 화분에 표현하는 것이라고 하였지만 자연 그 자체를 모방하는 것은 아니다. 어디까지나 창작하는 것이므로 주목 심는 위치는 만드는 사람의 자유선택이다.

소재를 검토하고 자신의 머릿속에 그린 풍경에 의해 주목 심을 위치를 화분 좌우 6, 4 되는 곳이나 7, 3 되는 곳에 정하면 좋을것이다.

뿌리 수에 대해 분재계에서는 모아심기의 뿌리 수가 3, 5, 7그루와 같은 기수가 선호되고 4, 6, 2그루라는 우수를 선호하지 않는 풍습이 있다.

공간을 중요시 여기는 분재에서는 삼각형을 기준으로 하여 나무를 심어 넣으면 풍경을 만들기 쉽기 때문에 기수를 선호하고 있는 것 같은데 기수가 아니면 안된다는 것은 아니다. 자연의 풍경이 만들어 지기 위해서는 꼭 기수여야 한다 라는 법도 없으므로 기수 우수에 그다지 얽매이지 않아도 좋다.

다만 20그루 이상의 모아심기는 자칫하면 조잡한 쟝글에 가까워지므로 그런 것은 초보자에게 권하고 싶지 않다.

모아심기 분재를 만들 때는 그 분재의 5년 후 10년 후의 모습을 상정하여 만들 필요가 있다.

한정된 화분 속에서 서로 도우면서 생활해 가는 것이 모아심기이다. 화분 속에 많은 수의 나무를 심으면 오랜 세월 끝에는 세력 싸움이 일어나 말라 죽거나 서로가 쓰러지는 일이 생긴다.

그러므로 모아심기를 할 때는 어디까지나 화분 속에서 서로가 공존할 수 있는 뿌리의 수를 심도록 해야 한다.

여백을 살린다 모아심기는 창작이므로 뿌리수나 심을 위치 등 특별한 법칙이 없다는 것은 전술했지만 기본으로서 중요한 것은 경치의 폭 넓이를 얼마나 표현하고 있느냐 하는 것이다. 그를 위해서는 한정된 화분 속에서도 원근감이나 나무가 심어져 있지 않은 부분 여백 등이 중요하다.

작례 1. 그루터기가 서 있는 것에 가까운 원경림

분재에서는 특히 여백의 사용법으로 경치가 살기도 하고 죽기도 함으로 모아심기를 할 때도 이 점을 충분히 연구하기 바란다.

여기에서는 초보자가 경치를 생각할 때의 참고로 동일 소재를 사용하여 뿌리수나 심는 위치를 바꾸는 것에 의해 표현되는 네가지 경치를 만들어 보았다.

작례 1 중간에 키가 큰 주목을 놓고 좌우에 작고 키가 작은 나

작례 2. 근경림

무를 배치하여 숲을 만들어 보았다. 이 형은 초보자가 가장 만들기 쉬운 풍경으로 모아심기의 기본적인 것이다.

주목을 가까이 심고 작은 나무를 뒤로 심는 것으로서 풍경에 깊이를 만들고 원경이 작은 숲을 표현해 보았다.

작례 2 예제 1의 계속이다. 1에서는 한그루 한그루의 나무가 독립되어 있다기 보다는 근원이 연결되어 있는 주립상에 가까운 숲

작례 3. 숲 사이의 길을 주제로 한 풍경

이지만 여기에서는 좌우에 키가 같은 나무를 각 각 두, 세그루 심어 넣는 것에 의해 각각의 나무가 독립되어 있는 보다 큰 그루터기를 만들고 있다. 이 형은 원경이라기 보다 어느 쪽인가 하면 근경을 표현하고 있다.

작례 3 자연의 숲에는 사람이 지나기 위한 길이나 물이 흐르는 것에 의해 생긴 작은 천이 있다. 여기에서는 나무의 무리를 둘로

작례 4. 숲에 바람이 불고 있는 모습을 주제로 한 풍경

나누어 무리와 무리 사이에 생긴 공간으로 샛길을 표현해 보았다.

작례 4 전원에 있는 숲은 주위에 바람을 차단하는 장애물이 적기 때문에 1년 내내 동서남북 사방에서 바람이 불어 온다.

여기에서는 주목을 중심으로 그것을 둘러싼 나무가 좌우 전후로 각각 뻗어 숲에 바람이 불고 있는 모습을 표현했다. 동일 소재로 하는 여러 가지 작품을 만들 수 있는 것이다.

모아심기의 실제

*모아심기의 종류

모아심기에는 심는 방법이나 소재 등에 따른 다음과 같은 종류가 있다.

실생모음=씨앗에서부터 키우는 것으로 화장 성분을 이용한다. 발아하면 그대로 모아심기로서 즐길 수가 있다.

꺾꽂이모음=정지 때 잘라 낸 가지 등을 소재로 하여 꺾꽂이로 모아심기를 만든 것이다.

잡아모음=실생 1～4, 5년 나무를 한그루씩 모으는 것이 아니고 몇그루인가를 모아잡듯이 심어넣어가는 모아심기이다.

종목을 이용하여 모음=종목으로서 만들어져 있는 소재를 모아 가는 것이다. 여기에는 동일 수종 만을 심어넣는 것과 수종류의 이수종을 혼식시키는 것이 있다.

*모아심기에 필요한 도구

모아심기를 만들 때는 사진과 같은 도구를 사용한다.

① 가지 자르기, ② 철사 자르기, ③ 집게, ④ 가위, ⑤ 가지 자르기, ⑥ 인두, ⑦ 젓가락, ⑧ 나이프, ⑨ 종려비

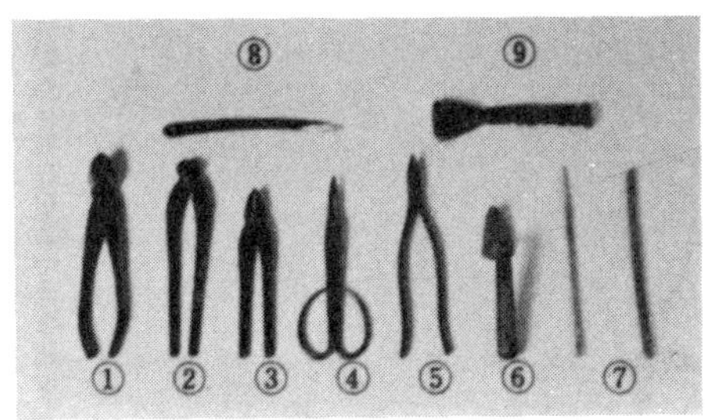

●실생모음 만드는 법

실생모음의 재미 실생은 씨앗을 뿌려 싹을 트게 하는 것에서 부터 자신이 키우기 때문에 나무에 대한 애착이 솟아 난다.

한그루 나무의 분재로서 보기 위해서는 시간이 걸린다. 그러나 모아심기를 하면 유목 한그루로는 볼 수 없는 몇 그루의 나무가 화분에 모여 서로가 도우며 하나의 집합미를 만들어 낸다.

싹이 막 튼 유목이므로 나무의 맵시나 가지의 맵시는 없지만 어려도 봄에 싹이 트고 가을에 단풍을 만들어 주는 것이 실생모음 이다.

씨앗의 보존 실생에는 여름에서 가을에 걸쳐 맺은 씨앗을 채취하여 그대로 곧 뿌리는 것과 씨앗을 보존해 두었다가 다음 해 봄에 뿌리는 것이 있다.

가을에 뿌리는 것은 뿌린 씨앗이 겨울에 서리로 들떠 버리는 일이 있으므로 보존실이 있는 사람 이외에게는 권할 수 없다. 일반에게는 봄에 뿌리는 것이 좋을 것이다.

봄에 씨앗을 뿌리는 경우는 채취한 씨앗을 다음 해 봄까지 보존해 둘 필요가 있다.

씨앗을 보존할 때는 비닐 봉지에 넣어 습기가 차지 않게 밀봉해서 냉장고 등 냉암소에 넣어 두도록 한다.

씨앗은 뿌리기 전에 물에 담구어 둔다 봄에 씨앗을 뿌리는 경우는 3월중순에서 4월 상순 무렵에 씨앗을 뿌린다.

씨앗은 뿌리기 전날에 하룻 동안 물에 담구어 둔다. 물에 뜨는 씨앗은 뿌려도 싹이 트지 않으므로 제거한다.

바닥이 낮은 화분을 준비한다 발아시부터 모아심기로서 관상하는 것이므로 뿌릴 장소로서는 바닥이 낮은 관상용 화분을 이용하도록 한다.

화분은 화분 구멍을 사한망으로 덮고 바닥에 적옥토 중간 알갱이를 얇게 깔고 그 위에 용토를 넣는다.

적당한 간격을 두고 씨앗을 뿌린다 용토 위에 씨앗이 등간격을 취하지 않도록 모아심기다운 적당한 간격을 만들어 뿌린다. 뿌릴 때는 발조율을 생각하여 조금 많이 뿌려 둔다.

복토는 씨앗이 감추어 질 정도 씨앗을 뿌렸으면 그 위에 씨앗이 감추어 질 정도의 두께로 복토한다.

다 뿌렸으면 가는 물뿌리개로 충분히 물을 주고 햇볕이 드는 곳에 둔다.

표토가 희고 건조해 질 때마다 물을 뿌리면 반달에서 1개월 정도로 발아한다.

지나치게 빽빽할 때는 틈을 둔다 6월에 들어가 장마가 지면 새싹의 생육이 한번 멈춘다. 이 무렵에 가지가 닿을 정도로 빽빽하게 들어 차 있는 곳은 통풍이 나빠지므로 틈을 만들어 준다.

가을에는 홍차를 즐길 수가 있다.

다음 해 봄, 배식을 고친다 싹이 튼지 1년 째에 나무에도 수세가 강한 것 약한 것이 있으므로 전체의 밸런스를 생각하여 배식을 고친다.

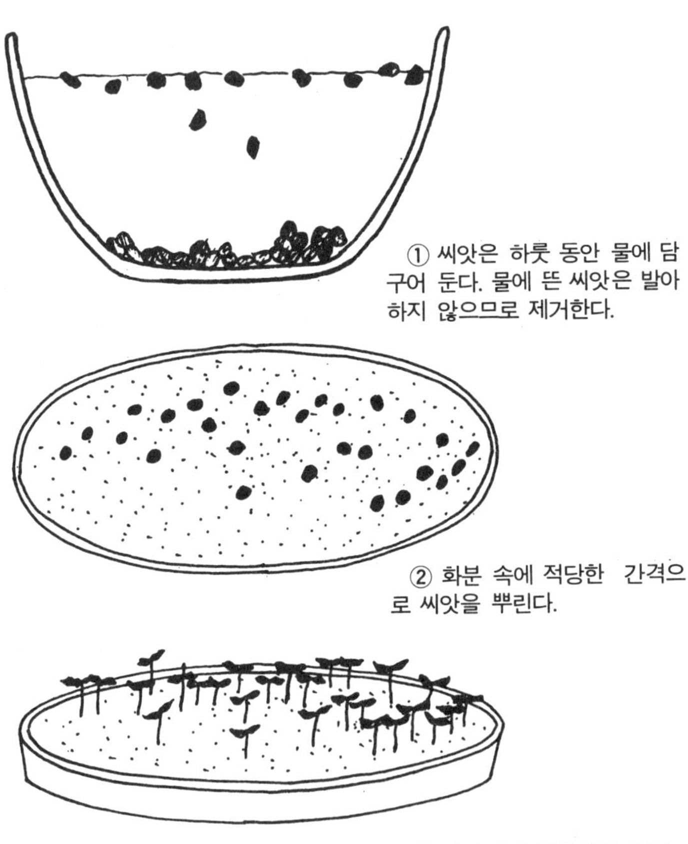

① 씨앗은 하룻 동안 물에 담구어 둔다. 물에 뜬 씨앗은 발아하지 않으므로 제거한다.

② 화분 속에 적당한 간격으로 씨앗을 뿌린다.

③ 반달에서 한달사이 발아한다.

④ 너무 빽빽한 곳은 틈을 만들어 준다.

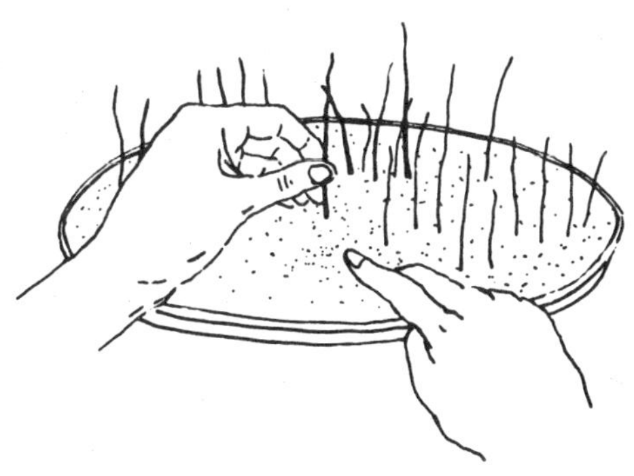

⑤ 2년 째 봄 싹이 트기 시작하면 배식을 바꾸고 싶은 나무를 움직인다.

3년째 봄에는 본격적인 모아심기로 3년 동안 동일한 화분에 심어져 있으면 화분 가득히 뿌리가 뻗어 다시 심기를 실시해야 한다. 이 무렵에는 나무도 각기 개성이 나타난다.

화분에서 나무를 뽑아 뿌리를 캐어 굵고 가는 것 크고 작은 것의 나무를 잘 배식하여 자연의 풍경을 표현하는 본격적인 모아심기의 분재를 실시하도록 한다.

● 꺾꽂이 모음
— 단풍나무를 예로하여

꺾꽂이 모음의 장점

꺾꽂이 모음이란 뿌리가 없는 소재를 꺾꽂이 하는 것이므로 초보자라도 자신의 생각대로 배치할 수가 있고 풍경도 만들기 쉬운 모아심기 방법이다.

또 꺾꽂이 모음의 최대의 장점은 정자 등으로 불가피해 진 가지를 소재로서 살린 것이므로 값싸게 완성할 수 있다는 것이다.

정지 때 나온 불필요한 가지는 버리지 말고 그것을 살려 꺾꽂이 모음을 만들어 보기 바란다.

꺾꽂이 심기를 만들 시기

5월 말에서 6월 중순 장마 시기가 적당하다.

① 꺾꽂이 나무 4년생 단풍나무
② 자른 불필요한 가지는 물을 흡수시킨다.
③ 소재의 잎은 잘라낸다.

소재에 대하여 4년 정도 전에 꺾꽂이해 둔 단풍나무이다. 가지 수도 많아졌으므로 이 때 정지해야 겠다고 생각하고 있었으므로 이 나무의 불필요한 가지를 사용하기로 했다.

잘라 낸 불필요한 가지는 물에 담구어 둔다 정지를 시작하기 전에 물을 담은 대야나 컵을 준비해 두고 자른 가지는 그 속에 넣어 물을 흡수하도록 해 둔다.

소재의 잎은 정리해 둔다 뿌리가 없기 때문에 아래에서 물을 빨아 올릴 수 없으므로 잎이 많으면 증산이 심해 활착이 나빠진다.

소재의 잎은 전부 떼거나 상부 한 두장을 남겨 두는 정도로 정리한다.

④ 잎의 기부를 1~2할 남기는 방법.
⑤ 지나치게 뻗은 잎은 잘라 둔다.
⑥ 정리한 소재는 물에 담군다.
⑦ 꺾꽂이이므로 중간 깊이 화분을 준비한다.

잎은 가위로 한 장씩 잘라 내는데 사진④와 같이 뿌리를 1～2할 정도 남겨 두어도 상관없다.

화분을 준비한다. 바닥이 낮은 화분은 소재가 화분 바닥에 달하는 경우가 있으므로 중간 깊이의 화분을 준비한다.

화분 구멍은 용토가 흘러나가지 않도록 망으로 덮어 둔다.

꺾꽂이 모음의 용토(用土) 작은 알갱이의 적옥토 또는 적옥토에 슬소토나 물이끼를 1할 정도 섞은 것을 이용한다.

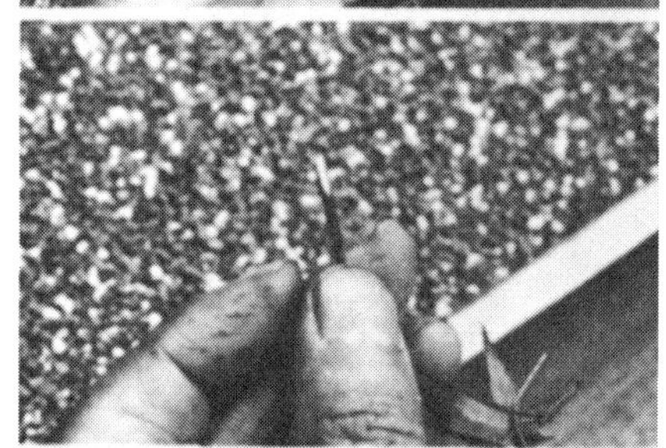

⑥ 용토의 표면을 인두로 누른다.
⑦ 기부 자른 곳을 깨끗이 한다.
⑧ 기부는 비스듬히 자른다.
⑨ 풍경을 머릿속에 그리면서 심는다.

⑩ 완료된 것.

화분 바닥에 중간 알갱이의 적옥토를 얇게 깔고 그 위에 용토를 넣고 표면을 인두로 눌러 용토를 안정시켜 둔다.

활착율을 생각하여 조금 많이 뿌려 둔다 소재 쪽은 잘 드는 나이프로 비스듬히 깎아 반대쪽에서 조금 잘라내고 심어 간다.

다음 해 봄 바닥이 낮은 화분으로 바꾸어 심는다 심기가 끝난 화분은 1주일 정도는 직사 광선이 닿지 않는 선반 아래나 처마 밑에 둔다. 그리고 하루에 4, 5회 분무기로 잎에 물을 주고 서서히 햇볕이 드는 곳으로 내 놓는다. 가을까지는 충분히 발근하지만 다시 심기는 다음 해 봄까지 기다린다. 봄 싹이 물들기 시작하면 너무 빽빽한 곳은 제거하고 바닥이 낮은 화분에 다시 심는다. 심은 위치를 고치고 싶은 때는 가위나 나이프로 뿌리를 잘라 실시한다.

• 잡아모음
—산단풍나무를 예로 하여

잡아모음이란 심어넣기 전에 몇그루 인가의 소재를 조합하여 근원을정리하여 잡듯이 심는 모아심기이다.

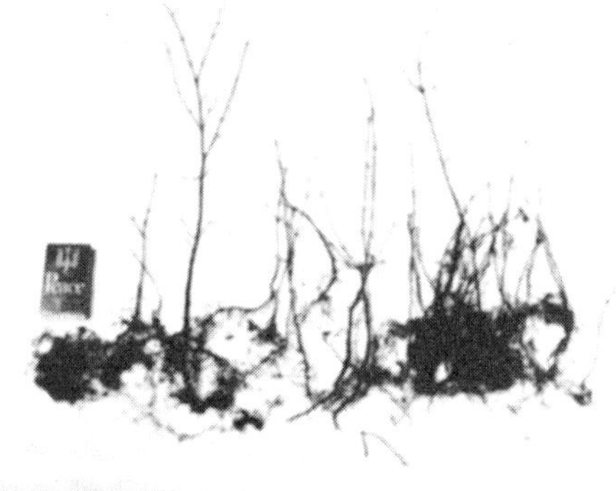

① 실생 2～5년생 산단풍나무
② 망은 철사로 고정시켜 둔다

뿌리 수가 많아도 근원으로 정리하는 것이므로 한그루 나무와 같이 심어넣기가 간단하고 구도도 잡기 쉽다.

잡아모으기를 만들 시기 뿌리가 움직이기 시작하고 싹이 물들기 시작하는 봄이 가장 적합한 시기이다.

소재에 대해 잡아모으기의 소재는 근원으로 정돈하는 것이므로 뿌리 수가 적은 실생 1～4, 5년 생의 나무가 적합하다.

화분을 준비하고 용토를 넣는다 화분을 준비하고 화분구멍을 막은 망이 나무를 움직이지 못하도록 철사로 고정시켜 둔다.

용토는 산단풍나무이므로 적옥토가 적당할 것이다.

화분 바닥에 중간 알갱이의 흙을 많이 깔고 그 위에 용토를 넣어 평평히 한다.

정원에서 뽑아 온 실생목이므로 뿌리는 마음껏 뻗어 있다. 그러므로 뿌리 아래에 연결되어 있는 굵은 뿌리 등을 잘라낸다.

나무와 나무가 조합하기 쉽도록 옆으로 뻗은 뿌리도 2/3 정도 잘라 둔다.

재단한 것을 보고 조합을 만든다 나무와 나무가 근원이 딱 맞도록 재단을 검토하면서 조합을 결정한다.

조합이 결정되면 한줌 잡아 근원을 연결하여 한 무리를 만든다.

배치를 정하고 심어 넣는다 소재 중에서 가장 굵고 긴 나무가 주목이 된다.

주목의 무리를 중심으로 배치를 생각하고 결정했으면 위에서부터 용토를 넣어 나무를 안정시킨다.

③ 용토를 넣는다.
④ 뿌리 아래의 굵은 뿌리는 정리한다.
⑤ 지나치게 뻗은 가지의 정리
⑥ 대강 정지한 소재

용토가 뿌리 구석 구석까지 닿았으면 표면을 인두로 누르고 위에서부터 용토가 비나 물뿌리개로 흘러 나가지 않도록 화장토를 넣는다.

화분 바닥에서 깨끗한 물이 흘러 나올 때까지 충분히 물을 뿌리는 작업을 하여 끝을 맺는다.

다시 심은 때 뿌리 뻗기를 한다 근원을 조합하여 심는 것이므로 3, 4년 서로 뿌리가 유합하여 그루터기가 된다.

그루터기로 서면 근원이 훌륭해지고 경치도 커진다.

다음에 다시 심을 때는 표토를 풀고 뿌리 뻗기가 나타나도록 한다.

이번에는 뿌리를 자르고 막 다시 심었으므로 물을 뿌렸으면 곧 선반 위에 내어

⑦ 배식의 구상을 한다.
⑧ 근원을 가늘게 꼰 종이끈으로 연결한다.
⑨ 용토를 넣어 소재를 안정시킨다.
⑩ 뿌리 구석구석까지 용토를 넣는다.

일광을 받게 한다.

새싹이 나오기 시작하는데 올해는 잎 자르기는 하지 말고 뻗는 만큼 뻗게하고 장마 때에 새싹 뻗기가 일시 멈추므로 그 무렵 2, 3개 남기고 자른다. 다음 해 봄에는 비료를 주고 잎 자르기를 하고 작은 가지를 늘리도록 한다.

⑪ 용토의 표면을 인두로 누른다.
⑫ 화장토를 넣는다.
⑬ 완료된 모습

• 잡목의 모아심기—잡목을 예로 하여

① 꺾꽂이 나무 2, 3년생의 소재.

② 뿌리를 정리한 것.

모아심기를 만들 시기 잡목류의 모아심기를 만들 적기는 새싹이 물들고 뿌리가 움직이기 시작한 때이다.

중부지방에서는 3월 중순~하순이 된다.

이 시기면 나무가 1년 중 가장 왕성하게 활동을 시작한 때이므로 뿌리나 가지를 잘라도 상처 회복이 빠르고 발근·발아도 좋으므로 나무가 약해지지 않는다.

소재에 대해 모아심기는 자연의 경치를 화분에 표현하는 것이므로 이화감이 생기지 않도록 소재의 엽성이 같은 것을 모은다.

동일 수종이라도 산지에 따라 다소 엽성이 다른 경우도 있으므로 가능한 같은 산지의 소재를 사용하도록 한다.

사진의 잡목은 깊은 산의 것이다. 상자에 심은 모종을 2~3년 밭에 심어 묘목을 살찌운 다음 뿌리를 정리하여 상자 심기한것으로 작은 뿌리도 만들어져 있고 엽성도 같은 소재이다.

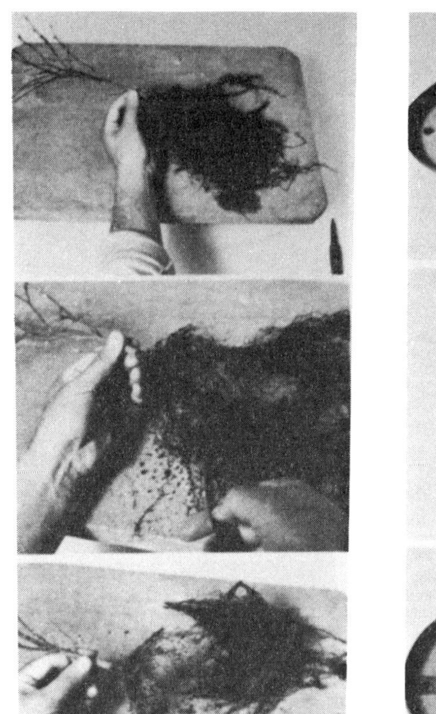
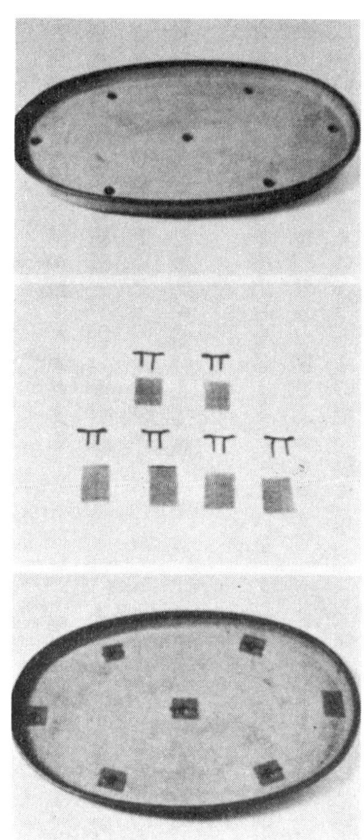

③ 예근이 잘 자라 있다.
④ 굵은 뿌리는 가지 자르기로 자른다.
⑤ 뿌리는 2/3 정도 자른다.

⑥ 화분을 준비한다.
⑦ 망과 고정하기 위한 철사.
⑧ 화분 구멍에 망을 고정한 것

뿌리의 처리 우선 소재의 뿌리를 정리한다.

모아심기는 화분 속에 심겨진 나무가 서로 양보하며 살아 가는 것이므로 한그루 나무의 뿌리나 일부 뿌리만이 강해서는 전체의 조화가 이루어 지지 않는다. 강한 뿌리나 빗나간 뿌리는 잘라 내고 지나치게 뻗은 가는 뿌리는 끝을 잘라 둔다.

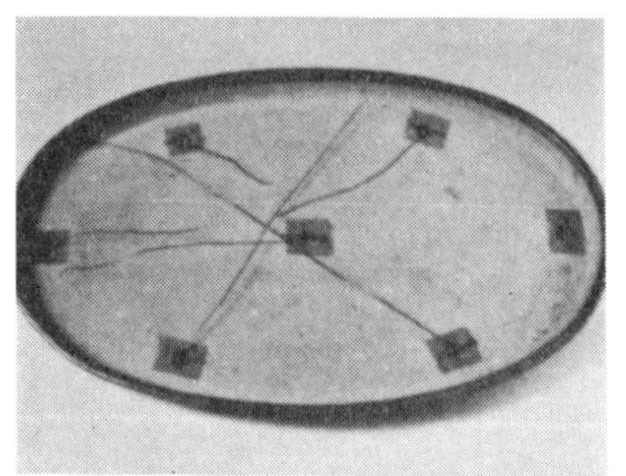

⑨ 나무를 고정하기 위한 철사

⑩ 화분 겉

이 단계는 대충 정리하는 것이므로 세부의 뿌리까지 정리할 필요는 없다.

화분의 준비 모아심기는 경치의 폭을 강조하기 위해 둥근 것이나 원추형의 중간 깊이 혹은 바닥이 얕은 화분을 쓰는 것이 일반적이다.

특히 가지 끝의 부드러움을 중시하는 잡목은 장방형이나 정방형의 화분은 각이 있기 때문에 화분이 너무 눈에 띈다.

갈색의 윤기 있는 수피와 흰 털이 나 있는 듯한 특징이 있는잡목이므로 화분은 푸른빛이 도는 원추형의 바닥이 낮은 화분을 준비했다.

화분 구멍을 막는다 용토가 흘러 나오지 않도록 화분 구멍을 비닐 피복의 금망이나 사란망으로 막는다.

나무를 고정하기 위한 철사를 화분 바닥에 통과시켜 둔다 수 많은 나무를 심으므로 나무를 고정하는 철사는 많은 듯 화분 바닥에 통과시켜 둔다. 심어 넣은 다음 철사를 통과 시키려 하면 좀처럼 잘 되지 않는다. 이 최초의 준비를 귀찮아 하지 말고 잘 실시해 둔다.

배식을 생각한다 화분의 준비가 끝났으면 화분 속에 소재를 두고 자신이 만들려는 경치 구상을 한다.

잡목 모아심기의 용토 용토는 적옥토8, 모래 2나 적옥토 8, 모래 1, 부엽토 1의 비율로 섞은 중간 알갱이와 작은 알갱이를 넣어 평평히 해 둔다.

모아심기는 바닥이 낮은 화분에 많은 수의 나무가 심어져 있으므로 건조가 빨라지기 때문에 화분 바닥에 큰 알갱이의 흙을 넣을 수 없다.

⑪배식의 구상을 한다.
⑫중간 알갱이를 화분 바닥에 얇게 깐다.
⑬용토는 평평히 해 둔다.

심을 위치를 정한다

구상이 있을 것이므로 여기에서 최종적인 심을 위치를 정한다.

주목에 붙일 나무 등 세부의 나무까지 심어 넣을 곳을 정해 둔다.

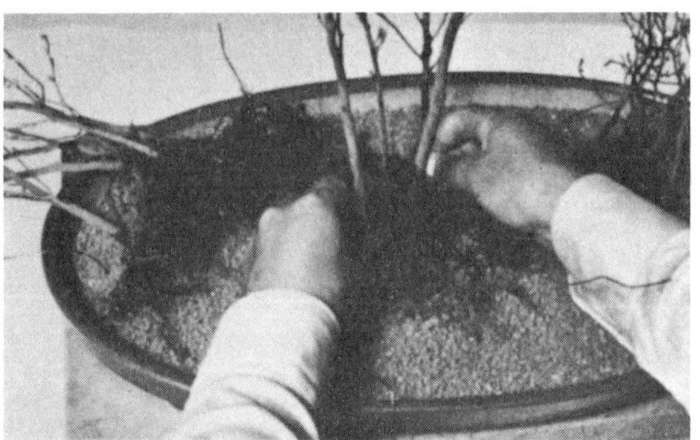

겹치는 뿌리를 정리한다

조원에서 나무의 조합 뿌리가 겹쳐지는 곳은 그대로 두면 양쪽 뿌리가 약해져 버리게 됨으로 미리 그림과 같이 정리하여 겹친 곳의 좌우의 뿌리를 소중히 키우도록 한다.

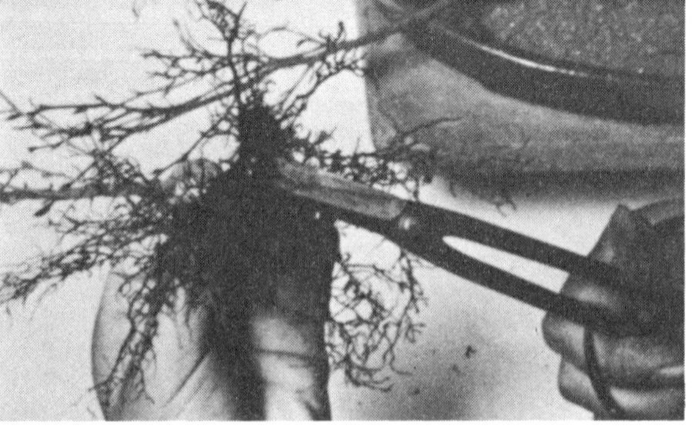

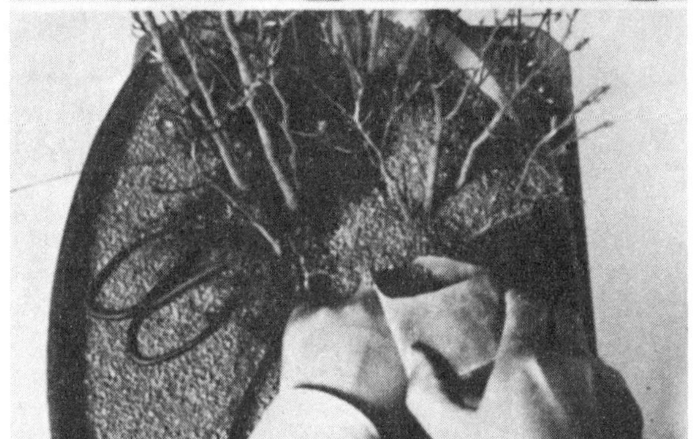

나무가 쓰러지지 않도록 겹치면서 배치한다 나무를 배치하는데 혼자서 많은 나무를 쓰러 뜨리지 않도록 해 두는 것은 어려운 일이다. 그러므로 자신이 가지고 있는 용구나 작은 돌과 같은 무게가 있는 것으로 순서대로 눌러 가도록 한다.

용토를 넣고 다시 한번 전체를 본다 배식이 끝났으면 뿌리 위에서부터 용토를 넣고 나무를 안정시킨다.

이 단계에서는 아직 나무를 움직일 수가 없으므로 다시 한번 전후 좌우에서 전체를 보고 나무가 겹쳐진곳과 간격이 이상한 곳을 고친다.

뿌리의 구석 구석까지 용토가 가도록 한다 배식이 정해지면 뿌리 전체에 용토가 가도록 왼손으로 근원을 누르고 오른손의 젓가락으로 누르면서 용토가 뿌리사이에 들어가도록 한다.

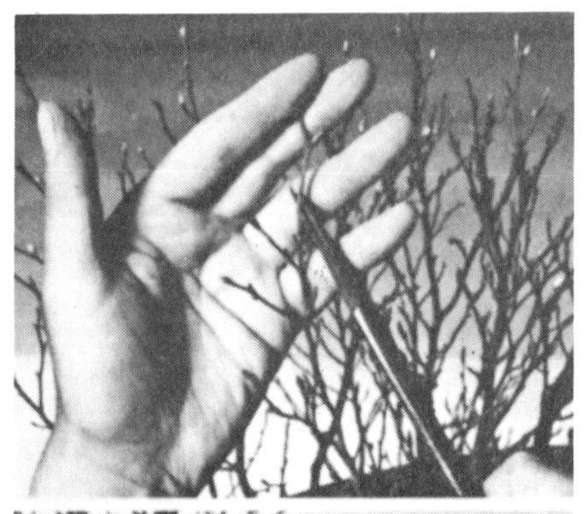

㉓ 전체의 밸런스를 보며 정지한다.
㉔ 화장토를 넣는다.

나무를 고정시킨다 용토가 뿌리 구석 구석까지 가면 화분 구멍에에 통과시켜 둔 철사로 나무를 화분에 고정시킨다.

용토를 넣기 전에 나무를 철사로 고정하면 뿌리 사이에 용토가 들어가지 않는 경우가 있으므로 철사로 나무를 고정시키는 것은 용토를 넣은 뒤에 하는 것이 중요하다.

인두로 용토를 누른다 나무를 고정시켰으면 고정시킨 철사가 보이지 않도록 위에서부터 다시 한번 용토를 넣고 인두로 용토를 누른다. 이것으로 심어 넣기는 일단 완료되었다.

전체를 보며 정지한다 심어넣기가 끝났으면 전체의 밸런스를 생각하여 정지한다. 힘이 강한 가지나 지나치게 뻗은 가지는 자른다. 자를 때는 반드시 싹 바로 위를 자르도록 한다.

화장토를 넣고 물을 준다 화장토는 적옥토에 동생사나 부사사를 많이 섞은 작은 알갱이로 한다.

용토 위에 화장토를 넣는다 이것은 관상상 아름다울 뿐 아니라 물을 주거나 비가 왔을 때 용토가 흘러 나가지 않도록 용토를 눌러주는 작용이 있다.

㉕깨끗한 물이 흘러나올 때까지 물을 준다.
㉖이끼를 덮는다.

화장토를 넣었으면 화분 구멍에서 물이 흘러나올 때까지 충분히 물을 준다.

이끼를 덮는다 표상에 이끼를 덮어 고풍스러운 느낌을 주는 것과 함께 뿌리를 보호한다.

이끼가 덮혀 있으면 건습이나 온도에 급격한 변화가 있어도 아래의 흙은 그 영향을 받기 어려운 것이다. 그러나 뿌리를 보호하는 잇점이 있는 반면 태양 광선을 차단하기 때문에 뿌리가 따뜻해지지 않아 백근의 발육이 늦어진다는 결점도 있다.

완성 나무 전체를 화분 왼쪽에 치우쳐 심는 것에 의해 오른쪽에 여백을 남겨 보았다.

• 송백류의 모아심기—흑송을 예로 하여

① 소재로 사용할 산의 흑송

송백류의 특징 송백류 대부분은 해안이나 계곡 산속과 같은 인가에서 떨어진 곳에 자생하고 있다. 따라서 연중 불어대는 해풍이나 풍설을 견뎌야 만 하는 엄격한 자연 환경 속에서 생육하고 있는 것이다.

모아심기를 할 때의 시기 뿌리가 움직이기 시작하고 순이 물들기 시작할 때가 적기이다. 송백류는 잡목 보다도 뿌리의 움직임이 느려 관동 지방에서는 3월 하순에서 4월 중순 무렵이다.

이 시기라면 뿌리나 가지를 잘라도 상처 회복이 빠르고 나무가 약해지지도 않을 것이다.

소재에 대해 사진의 소재는 산의 흑송이다.

돌의 나무는 이대로도 문인목으로서 볼 수 있는 나무이다. 그러나 가지가 없으므로 이 나무를 주목으로 하고 다른 2개를 모아 한그루로서는 나타낼 수 없는 경치 있는 모아심기를 하기로 하겠다.

화분의 준비 송백류를 모을 경우 주목이 굵고 힘이 있는 나무일 때는 정방형이나 장방형의 화분을 이용하는 경우가 있으나 사진의 소재와 같이 가는 가지로 무늬가 있을 때는 원추나 둥근 형인 편이 경치에 폭이 생긴다.

여기에서는 중간 깊이의 둥근 화분을 준비했다.

화분은 화분 구멍을 비닐 피복의 금망으로 씌우고 화분 바닥에 나무를 고정하기 위한 철사를 통과시켜 둔다.

뿌리의 처리 송백류의 경우 잡목일수록 크게 마음먹고 뿌리를 자를 수는 없다.

화분에서 나무를 뺏으면 굵게 자란 뿌리를 자르고 화분 주위에 달리고 있던 뿌리를 전체의 1/3 정도 잘라 떨어뜨린다. 뿌리를 풀 때는 뿌리에 상처가 생기지 않도록 젓가락으로 정성스럽게 한다.

② 준비가 끝난 화분
③ 화분에서 빼낸 것
④ 뿌리를 정리한 것

배식의 구상을 한다 화분의 준비가 됐으면 용토를 넣기 전에 소재를 화분 속에 두고 심을 위치, 나무의 조합법 등을 검토한다.

⑤ 화분에 나무를 두고 배식을 생각한다.

세그루를 합쳐도 뿌리 수가 적으므로 이 단계에서 배식을 정해 두도록 한다.

⑥ 용토를 넣은 때

송백류의 용토 물 빠짐이 좋은 흙이 바람직함으로 적옥토 5, 모래를 5 섞은 중간 알갱이와 작은 알갱이를 이용한다.

화분 바닥에 얇게 중간 알갱이를 깔고 그 위에 작은 알갱이를 넣어 둔다.

심어 넣고 겹친 뿌리의 처리 주목에서부터 순서대로 심어 가는데 송백류는 잡목인만큼 뿌리를 자를 수 없으므로 뿌리와 뿌리가 겹치는 곳이 생긴다. 겹친 뿌리 부분에는 용토가 들어가기 어려우므로 미리 흙을 넣어 둔다.

나무를 고정시킨다 배식이 끝났으면 나무가 움직이지 않도록 화분 바닥을 지나는 철사로 나무를 묶어 고정시킨다.

⑦ 주목에서부터 심어 넣는다

⑧ 뿌리가 겹쳐진 곳은 용토가 들어가기 어려우므로 흙을 넣는다。

⑨ 흙을 넣고 그 위에서 용토를 넣도록 한다。

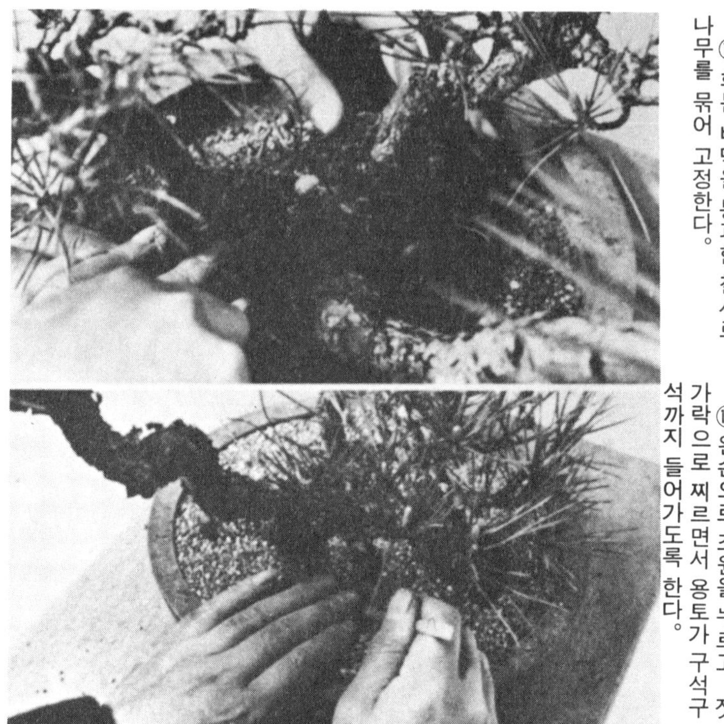

⑩ 화분 바닥을 통과한 철사로 나무를 묶어 고정한다。

⑪ 왼손으로 조원을 누르고 젓가락으로 찌르면서 용토가 구석구석까지 들어가도록 한다。

철사를 묶을 때는 집게로 비틀어 단단히 묶어 둔다. 고정한 철사가 느슨하면 바람 등으로 나무가 흔들려 활착이 나빠진다.

용토를 넣는다 나무를 단단히 고정했으면 그 위에서부터 용토를 넣는다.

왼손으로 근원을 누르면서 오른손으로 젓가락을 찔러 넣고 뿌리 구석구석까지 용토가 가도록 한다.

완료된 모습 산의 경사지에서 왼쪽의 강한 바람에 날리면서 살고 있는 흑송의 모습을 표현해 보았다.

◀완성된 것 (정면)

◀완성된 것 (뒷면)

• 삼목의 곧은 줄기 모아심기

① 꺾꽂이 4～5 년 생의 소재

삼목은 우리 나라 특산으로 전국 각지에 자라고 있어 소재 입수도 쉽고 꺾꽂이로도 간단하게 늘릴 수 있으므로 모아심기로 한 그루 만들어 두었으면 하는 것이다.

삼목이라고 하면 곧은 가지를 연상하는 사람이 많을 것이다.

길가의 삼목나무 가로수, 산사의 숲 등 가까이에서 접할 수 있는 수종이므로 각각 기억에 남는 풍경을 화분에 표현해 보도록 하자.

모아심기를 할 시기 일반적으로 나무는 뿌리가 움직이기 시작하고 싹이 물들기 시작할 때가 적기라고 일컬어 지고 있다.

삼목도 뿌리가 움직이기 시작하고 다갈색의 잎이 초록빛으로 변해가는 4 월 중순이 적기이다.

그러나 삼목은 다른 송백류에 비해 추위와 건조에 민감한 면이 있

으므로 가능하면 외기가 따뜻해 지고 기온이 안정되는 6 월에 들어가 공기 습도가 높은 날 실시하는 편이 나무를 위해서는 좋을 것이다.

② 불필요한 것은 뿌리에서 부터 잘라 낸다(위)
③ 잎의 심지 만을 자른다. (왼쪽)

또 지나치게 뻗은 가지는 적당한 곳에서 잘라 둔다. 자를 때는 잎 끝을 잡고 오른손의 가위로 잎 심지만을 자르도록 한다. 잎 끝을 자르면 붉게 시들어버려 보기 흉하게 되기 때문이다.

불필요한 가지를 정리할 때는 한번에 모든 것을 잘라내어 버리면 나무의 생리에 변화가 일어나는 경우가 있으므로 불필요한 것이라도 조금 남기고 다음 해 봄에 남은 부분을 자르도록 한다.

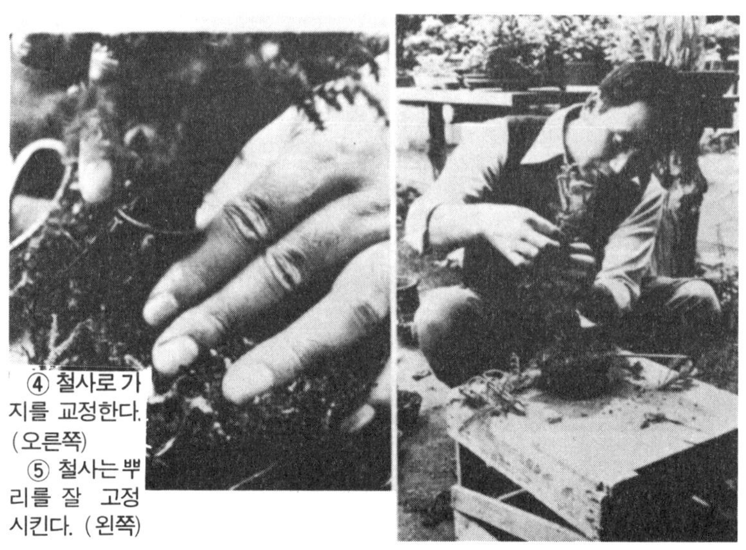

④ 철사로 가지를 교정한다. (오른쪽)
⑤ 철사는 뿌리를 잘 고정시킨다. (왼쪽)

가지의 교정 곧은줄기 모아심기이므로 세우면 똑바른 나무여야 한다. 그러기 위해서는 정지가 끝난 후에 뿌리를 풀기 전에 뿌리에 철사를 감아 뿌리를 똑바로 교정해야 한다.

뿌리에 감은 철사는 효과가 있도록 철사 선단을 근원에 깊이 찔러 넣어 단단히 고정시킨다.

뿌리 풀기와 뿌리의 정리 정지와 뿌리 교정이 끝났으면 뿌리를 다치지 않도록 돌려 뿌리를 젓가락으로 풀고 전체 1/3 정도 자른다.

나무를 똑바로 심어 넣기 위해서는 뿌리 아래가 수평이 되어 있지 않으면 잘 되지 않는다. 뿌리 아래의 굵은 뿌리는 가지 자르기도 수평이 되도록 자르고 가는 뿌리도 평평하게 정리해 둔다.

하근의 정리와 함께 중요한 것은 상근의 정리이다. 불필요한 상근을 남겨 두면 그 뿌리에 힘이 붙어 하근이 자라지 못하는 경우가 있으므로 뿌리에서부터 잘라 둔다.

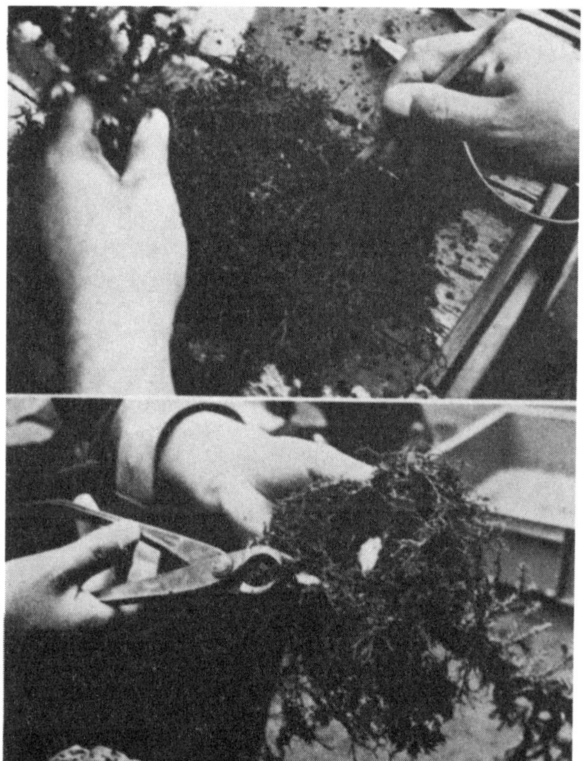

뿌리 아래의 뿌리와 같은 굵은 뿌리를 자른 때는 자른 곳을 다시 한번 잘드는 나이프로 자르고 그 위에서 부터 유합제를 발라 두면 염려없다.

⑥ 뿌리를 다치지 않도록 젓가락으로 정성스럽게 푼다.
⑦ 뿌리 아래의 굵은 뿌리는 가지 자르기로 평평하게 자른다.

생육이 빠른 삼목이므로 시기만 좋으면 뿌리를 크게 마음먹고 자를 수가 있다.

화분 준비 삼목에 맞추어 진흙으로 구운 바닥이 낮은 화분을 준비했다.

화분은 다른 모아심기를 만들 때와 똑같이 화분 구멍을 비닐피복망으로 막고 화분 바닥에 나무를 고정시킬 철사를 통과시켜 둔다.

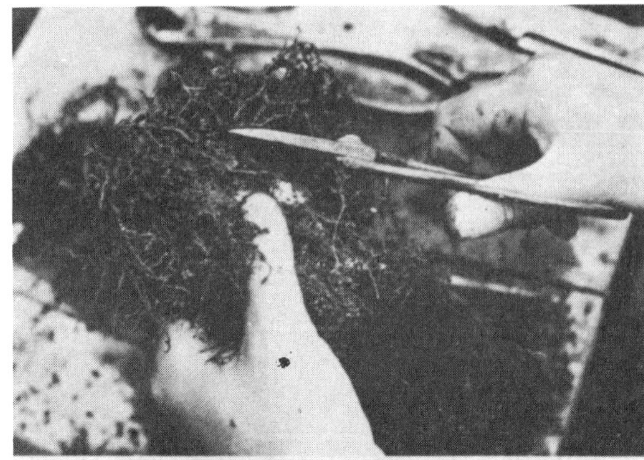

심어넣기 우선 주목에서부터 심어넣어 간다. 이번에는 초보자도 만들기 쉬운 숲의 풍경을 만들기로 하겠다.

굵고 큰 나무를 전방에 심고 후방에 작은 나무를 심어 원근감을 갖게 하였다.

⑧ 하근은 수평하게 정리해 둔다.
⑨ 불필요한 상지는 뿌리에서부터 잘라 둔다.

삼목 모아심기의 용토 삼목은 송백류에 비해 물을 좋아한다. 게다가 바닥이 낮은 화분에 많은 나무를 심으므로 건조가 심해진다. 그러므로 대개 보수성이 좋은 슬소토를 다소 섞고 있다.

적옥토 7, 동생사 2, 슬소토 1의 비율로 섞은 중간 알갱이와 작은 알갱이를 준비한다.

화분 바닥에 중간 알갱이를 얇게 깔고 그 위에 작은 알갱이의 용

⑩ 완성된 삼목의 직간 모아심기

⑪ 동 뒷모습

토를 넣는다. 이후의 순서는 다른 모아심기와 같다.

배식을 다시 본다 나무가 안정된 때 다시 한번 전체를 전후 좌우에서 보고 가지가 겹쳐져 있는 곳이나 공간이 비어 있는 부분을 고친다.

나무를 고정한다 배식의 검토가 끝나면 화분 바닥에 통과해 있는 철사로 나무가 움직이지 않도록 단단히 묶어 둔다.

용토를 인두로 누른다 고정된 철사가 보이지 않도록 용토를 넣고 표면을 인두로 누르고 화장토를 넣는다.

정지를 한다 전체를 보며 밸런스를 생각하고 지나치게 강한 가지나 지나치게 뻗은 가지를 자른다.

물을 뿌린다 화분 바닥의 구멍에서 깨끗한 물이 나올 때까지 충분한 물을 뿌려 모아심기를 완료한다.

완료된 모습 산사의 숲을 연상하여 만든 풍경이다.

주목의 왼쪽 앞에 산사가 있고 오른쪽에는 광장이 있고 거기에는 사람들이 모여 축제를 벌리고 있는 그런 풍경이다.

• 이수종의 모아심기 — 적송·너도밤나무·하초(솔이끼·산단풍나무 그 외)

우리들이 접하는 자연은 한종류의 나무 만으로 만들 수 있는 것은 적다.

대부분 많은 수종이 사이좋게 동거하여 서로 조화를 이룸으로써 자연의 경치가 생겨난다. 이와 같은 풍경을 화분에 표현하는 것이 이수종의 모아심기이다.

①소재를 조합한다.
②주목 뒤에 다른 나무를 배치한 것

일반적으로 이수종의 모아심기는 생장속도가 다른 나무를 한개의 화분에 심어두는 것으로 물주기 등의 관리가 어렵지만은 않다.

모아심기를 할 시기 주목에 따라 정해진다. 주목이 잡목일 때는 뿌리가 움직이기 시작하고 싹이 물들기 시작할 무렵이다. 중부 지방에서는 3월 중순에서 부터 4월 상순이 된다. 송백류는 그 보다 조금 늦은 3월 하순에서 4월 중순이 적기이다.

수종의 선정 이수종의 모아심기는 주목의 수종에 따라 소재가 될 다른 수종이 정해진다.

③모아심기의 조합이 정해진 소재

오엽송과 같이 인가에서 떨어진 산지에 살고 있는 것을 주목으로 했을 때는 마찬가지로 산지성의 너도밤나무나 자작나무를 소재로 한다.

주목을 정하고 소재의 조합을 생각한다 적송을 주목으로 북국의 경치를 표현해 보기로 했다.

사진 ①은 적송을 중심으로 너도밤나무(ㄷ) 청아단풍(ㅅ) 너도밤나무(ㅁ)자작나무(ㄴ)를 화분 심기 그대로 배식해 본 것이다.

이 조합에서는 오른쪽 끝의 청아단풍수세가 너무 강하여 풍경에 넓이가 없으므로 전수종이 고목성이어서 산지의 우거짐을 느낄 수 없다.

사진 ②는 청아 대신 가지가 가는 적아를 넣고 자작나무를 앞으로 내어 주목 뒤에 저목성의 나무를 배치해 보았다. 이렇게 하자 전체가 산다운 풍경이 되었으므로 이 조합으로 가기로 했다.

㉠적송=산속에서10년이상 된 것을 화분으로 옮긴 것.

㉡자작나무=실생 6 년생.

㉢적아=실생 4 년생.

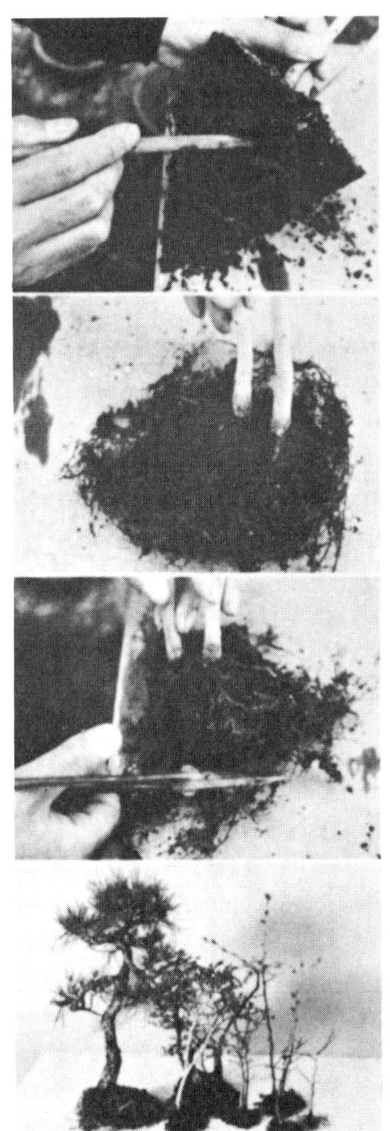

㉣㉤너도밤나무=실생 5년생. 이 나무도 화분에 옮길 때 모은 것이다.

㉥시누대=산에서 가져온지 3년 된 것.

㉦청아=실생 5년 생.

뿌리의 정리 소재가 정해졌으면 드디어 모아심기 작업으로 들어간다.

우선 화분에서 나무를 빼고 뿌리를 다치지 않도록 젓가락으로 끝쪽에서부터 뿌리를 풀어 오래된 흙을 떨어뜨려 뿌리를 정리한다. 송백류는 잡목인만큼 뿌리를 뻗지 않으므로 뿌리 전체의 1/3 정도를 자르도록 한다.

④ 뿌리의 정리(1～8)
1. 적송을 화분에서 뺀다.
2. 뿌리를 푼다.
3. 화분을 돌려 하부의 뿌리만을 자른다.
4. 너도밤나무를 화분에서 뺀다.
5. 돌려 젓가락으로 조심스럽게 푼다.
6. 뿌리를 풀기가 끝난 때
7. 잡목의 뿌리는 2/3 정도 잘라둔다.
8. 뿌리의 정리가 끝난 때

⑤ 배식을 생각한다。(위 2장)
⑥ 화분을 준비한다。

사진의 적송과 같이 오래된 나무는 강한 뿌리는 거의 없다. 화분 끝에 뻗은 뿌리를 자르는 정도로 한다.

잡목은 뿌리의 생육이 좋으므로 적기이면 뿌리 전체의 2/3 정도를 잘라도 괜찮다.

뿌리를 정리할 때 중요한 것은 나무가 안정되게 설 수 있도록 뿌리 아래를 평평하게 잘라 두는 것이다.

화분 선택과 배식의 구상 소재를 정하는 단계에서 배식의 구상은 일단 완성되지만 뿌리를 정리할 때 화분을 선택하고 화분 속에 나무를 둔 다음 다시 한번 배식을 고친다.

②에서는 주목 앞에 자작나무를 놓았으나 화분에 놓고 보니 3그루의 자작나무는 가지가 뻗어지면 주목 적송을 가릴 것 같아 빼기로 했다.

화분 준비 모아심기가 가능하도록 화분을 준비해 둔다.

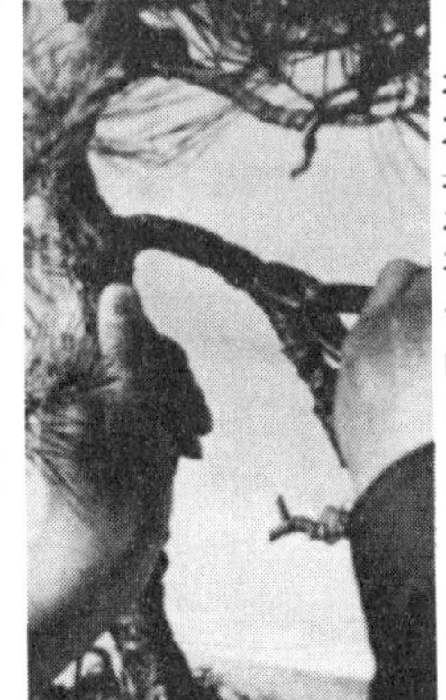

⑦ 진 만드는 법 1。잎을 떨어트린다。2。집게로 껍질을 비벼 벗긴다。3。찢듯이 하면 껍질이 깨끗이 벗겨진다。4。진이 만들어 진다。

모아심기에서는 나무를 움직이는 경우가 많으므로 화분 구멍을 덮는 망은 철사로 단단히 고정해 둔다.

다음에 화분을 바닥에 나무를 고정할 철사를 통과시켜 둔다.

이수종 모아 심기의 용토 주목에 적합한 용토를 사용한다.

여기에서는 주목이 적송이므로 적옥토 6, 모래 4의 비율로 섞은 중간 알갱이와 작은 알갱이를 준비한다.

화분 바닥에 중간 알갱이를 얇게 깔고 그 위에 작은 알갱이를 넣어 둔다.

대강 정지를 한다 심어넣기를 시작하기 전에 소재를 대강 정지한다.

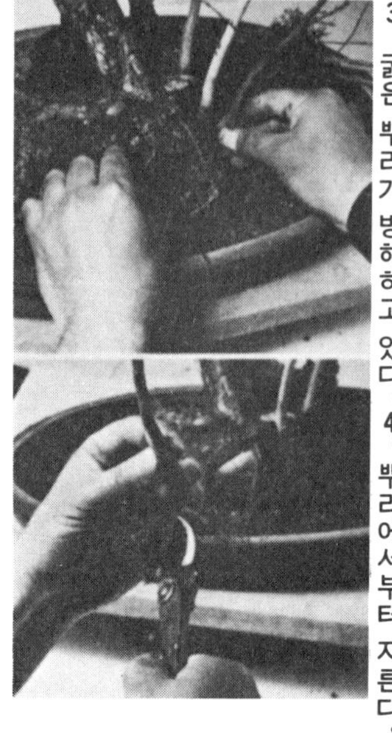

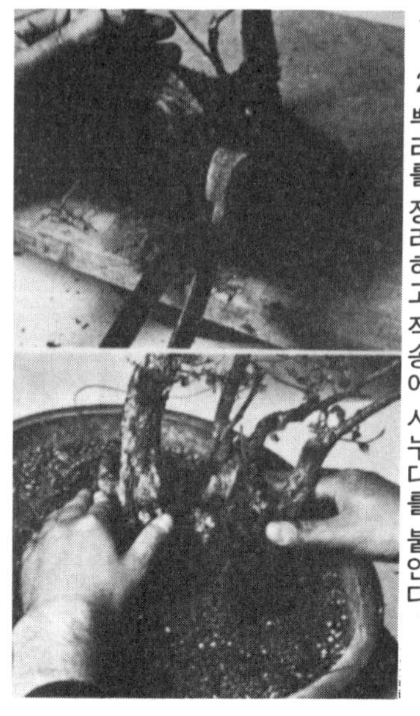

⑧ 겹친 뿌리의 정리

1、2 뿌리를 정리하고 적송에 시누대를 붙인다。

3。 굵은 뿌리가 방해하고 있다。 4。 뿌리에서부터 자른다。

나무와 나무가 조합되도록 뿌리를 정리한다 주목에서부터 심어 넣어 가는데 뿌리와 뿌리가 겹치는 곳은 잡목쪽에 뿌리를 잘라 나무와 나무가 잘 조합되도록 한다.

용토를 넣어 나무를 안정시킨다 배식이 끝나면 용토를 넣는데 용토는 조금씩 넣고 도중에 젓가락으로 찔러 넣듯이 하여 뿌리 구석구석까지 용토가 닿도록 하고 그 위에 다시 용토를 넣어 나무가 쓰러지지 않도록 한다.

하초를 심는다 자연림에서는 수목 뿐만이 아니고 나목 아래에는 풀이나 이끼 등이 자라고 있다.

모아심기를 할 때도 그와 같은 하초를 심는 것에 의해 경치를 보다 구체적으로 표현할 수 있다.

초보자에게 하초까지 요구하는 것은 무리일지 모르지만 뜻밖에 도움이 될 때가 있다.

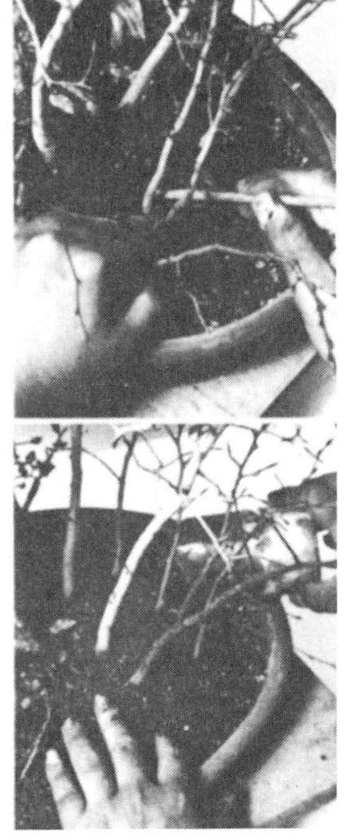

⑨ 용토를 구석 구석까지 넣는다. ⑩ 위에서 부터 용토를 넣고 흙을 누른다.

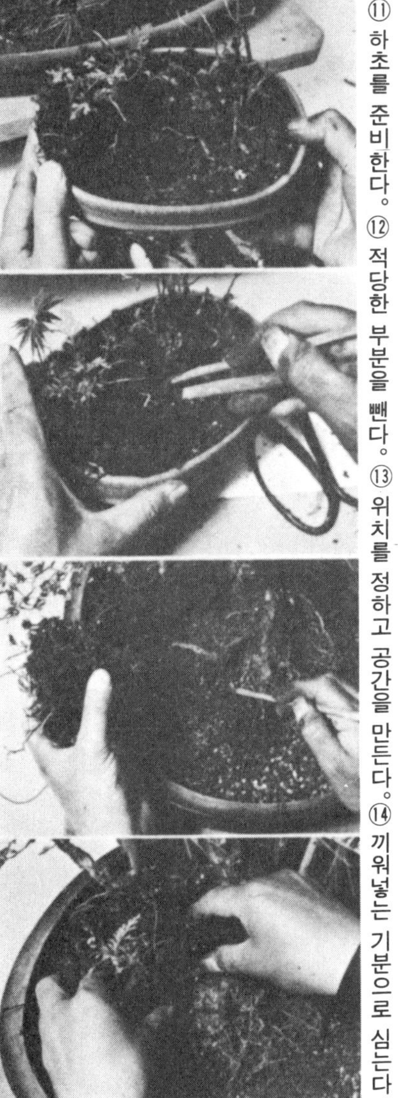

⑪ 하초를 준비한다. ⑫ 적당한 부분을 뺀다. ⑬ 위치를 정하고 공간을 만든다. ⑭ 끼워넣는 기분으로 심는다.

사진의 화분은 솔이끼를 심은 것인데 그 화분 속에 단풍이 자연히 생겨난 것이다. 그러므로 그들을 이용하여 하초로 했다.

나무를 고정한다 심어넣기가 끝나면 화분 바닥에 있는 철사로 나무를 묶는다. 철사는 바람이나 물뿌릴 때 나무가 움직이지 않도록 집게로 단단히 묶어 둔다.

용토를 넣고 표토를 누른다 고정된 철사가 보이지 않도록 용토를 넣고 나무와 나무 사이를 비로 정리하고 표토를 깨끗이 뿌려 인두로 눌러 용토를 안정시킨다.

전체를 보며 정자한다 심어넣기가 끝났으면 전후좌우를 보며 지나치게 강한 가지나 지나치게 뻗어 있는 싹 등을 정자한다.

굵은 가지를 자를 때는 자른 곳을 잘드는 나이프로 깨끗이 다시 자르고 유합제를 발라 빠른 상처 회복을 기하도록 한다.

물을 주고 작업을 끝낸다 정지가 끝나면 화분 바닥에서 흐린 물이 다 나오고 깨끗한 물이 흘러 나올 때까지 충분히 물을 주어 모아

⑮ 나무를 고정시킨다。

⑯ 용토를 넣는다。

⑰ 표토를 비로 쓴다。

⑱ 표토를 눌러 안정시킨다。

⑩ 강한 가지를 정지한다。

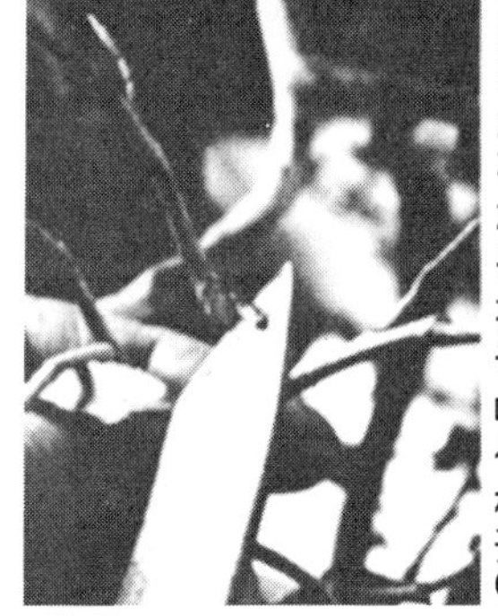

⑳ 굵은 가지 자른 것은 다시 깨끗이 닦아 둔다

㉑ 완성된 것

㉒ 위에서 본 것。

심기를 끝낸다.

산의 자연림을 표현한 것이다.

주목인 적송에 비해 잡목류가 어린 나무여서 작은 가지가 부족하지만 앞으로의 배양으로 만들어 가도록 한다.

• 풀의 모아심기

① 작은 화분에서 1~2년 배양한 소재

풀모음의 권유 분재 애호가 중에는 '분재는 풀로 시작하여 풀로 끝난다' 라는 사람이 있을 정도로 풀로 사계의 변화를 나타낼 수 있고 야성미에 넘치는 것이다.

소재에 대해 들이나 산에서 채집해 온 풀, 실생 꺾꽂이, 그루터기 등으로 늘린 풀을 1,2년 작은 화분에서 배양한 것을 이용한다.

사진의 소재는 타래난초, 두견초 등의 풀로 모두 3년 정도 작은 화분에서 배양되고 있었던 것이다.

풀모음을 만들 시기 작은 화분에서 배양하고 있던 소재이므로 뿌리를 자를 것도 없으므로 시기는 그다지 신경쓸 필요 없다. 언제라도 만들 수가 있다.

화분 준비 들이나 산에 피는 가련한 화초를 심을 그릇이므로 화분도 정취가 있는 것이 알맞다. 여기에서는 남만의 접시화분을 준비했다.

풀모음의 용토 수목 분재 만큼 용토에 구애될 필요는 없다. 분재에 사용하고 있는 용토라면 어떤 용토나 자라지만 이 경우는 적옥토에 2할 정도의 모래를 섞은 것을 사용하고 있다.

② 남만의 접시화분을 준비하고 용토를 넣는다。
③ 뿌리를 다치지 않도록 하여 고토를 제거한다。
④ 풀을 심어 넣는다。
⑤ 완료된 때。

뿌리 주위의 고토를 제거하고 심어 넣는다 화분에서 뺐으면 젓가락으로 뿌리를 다치지 않도록 고토를 제거하고 배식을 생각하면서 심어 넣어간다.

야취를 살린 풀모음 분재 풀은 수목과 같은 수형을 갖출 수가 없고 풀 자신이 모습을 만들어 가는 것을 기다리는 수밖에 없다. 그런 만큼 오래 배양하면 오래 배양할수록 야취가 생긴다.

뿌리가 뻗으므로 2, 3년에 한번 바꾸어 심는다.

모아심기 분재

관리의 포인트

*놓는 장소

심은 뒤에는 심기가 끝났으면 곧 선반 위에 내놓아 일광이 닿도록 한다.

뿌리를 자른 나무이므로 가능한 빨리 새로운 뿌리가 자랄 수 있도록 해 주어야 한다.

나무는 토중 온도가 22～23도일 때 가장 발근하기 쉽다고 일컬어 지고 있으므로 심기가 끝나면 일광에 두어 화분 속의 온도를 올려 신근의 발근을 촉진시키도록 한다.

심은 후 10일 정도는 응달에 두라는 사람도 있는데 그렇게 해서는 발근이 늦어지게 된다.

단 3월 중순경에 아직 서리가 내릴 염려가 있으므로 그와 같은 우려가 있을 때는 밤에는 선반 아래에 넣어 두도록 한다.

여름은 통풍이 좋은 곳에 분재는 1년을 통해 햇볕과 통풍이 좋은 곳에 두는 것이 기본인데 모아심기에서는 특히 통풍이 좋은 곳에 두도록 한다.

하나의 화분에 몇 그루의 나무가 심어져 있으므로 여름에 통풍이 나쁘면 잎이 타거나 가지가 마르는 원인이 된다.

햇볕이 강한 날이 계속되는 여름인데 봄에 심은 것은 여름까지는 새로운 뿌리로 뻗으므로 특히 햇볕을 피할 필요는 없다. 단 빌딩·옥상과 같은 빛 반사가 강한 곳에 두고 있는 것은 발 등으로 빛을 피한다.

겨울은 화분 속이 얼지 않을 정도로 나무도 사람과 같이 과보호해서는 안된다. 겨울이니까 여름이니까 해서 보호해 두다가는 연약

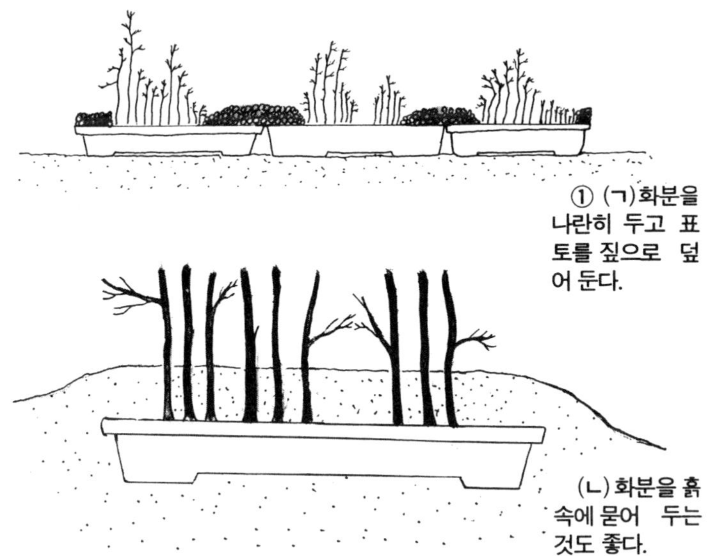
① (ㄱ)화분을 나란히 두고 표토를 짚으로 덮어 둔다.

(ㄴ)화분을 흙 속에 묻어 두는 것도 좋다.

한 나무가 되어 버린다.

겨울에도 밖에 내 두어 추위에 익숙해 지도록 해 주면 나무도 좋아지고 봄의 싹이 아름다워 진다. 그러나 설국이나 북풍이 불어와 며칠 만에 화분이 얼어 버리는 지방에서는 화분의 보호가 필요하다.

겨울의 보호는 처마 밑이나 선반 밑과 같은 화분 속이 얼지 않을 정도로 해 두면 좋을 것이다.

처마 밑이 가득 차 있을 때는 흙 속에 화분 자체를 묻거나 화분 위를 짚으로 덮어 두는 방법도 있다.

온실이나 비닐하우스와 같은 고온의 곳에 두면 나무가 동면할 수 없으므로 싹트기가 이상을 일으키는 경우가 있으므로 보호한다고 해도 밤에만 얼지 않도록 하는 정도가 좋다.

＊물주기

화분 흙의 표면이 건조하면 물을 준다 식물에게 있어서 물은 생명의 양식이다. 뿌리에서 빨아 올린 물을 태양광선이 분해하는 것으로 광합성이 시작되고 그에 의해 영양물이 만들어 지고 있는 것이다.

한정된 화분 속에서 자라고 있는 나무는 자신이 물을 구하여 뿌리를 뻗을 수가 없으므로 우리들이 물을 주어야 하는 것이다. 이것이 물주기이다.

물주기의 기본은 화분 표면이 희고 건조해 지면 물을 주는 것이다.

화분 흙 표면이 건조해져 간다는 것은 화분 속이나 화분 바닥의 흙이 아직 습기가 있는 상태이므로 뿌리는 그부분의 물을 구하여 뻗어 가는 것이다.

많은 물은 나무를 연약하게 한다 나무는 많은 세포로 되어 있는데 물이 많으면 세포액이 풍부해지고 하나 하나의 세포가 커지므로 잎이나 마디 사이가 뻗어 연약한 나무가 되어 분재가 원하는 모습으로 자라 주지 않는다.

또 표토가 건조하지 않을 때 물을 계속해서 주면 화분 바닥에 항상 물이 쌓여 있게 되어 뿌리가 썩는 원인이 된다.

물주기는 화분 바닥에서 물이 흘러나올 때까지 나무의 뿌리는 흙 속에서 호흡을 하고 있으므로 화분 속에는 신선한 공기를 보내 주어야 한다.

물주기는 나무에 물을 줄 뿐만이 아니고 물에 녹아 있는 새로운 공기를 화분 속에 보내는 작용도 하고 있다.

물주기를 할 때는 화분 구멍에서 물이 흘러 나올 때까지 듬뿍 주고 오래된 공기를 밀어내어 새로운 공기를 넣어 주게 된다.

자신의 생활에 나무를 길들인다 일을 가지고 있는 사람은 연중 내내 집에 있을 수는 없으므로 물주기의 기본은 표토가 건조할 때라고 해도 실행하는 것은 불가능하다. 그러나 이것은 어디까지나 기본이고 그렇게 하지 않으면 안된다 라는 것은 아니다.

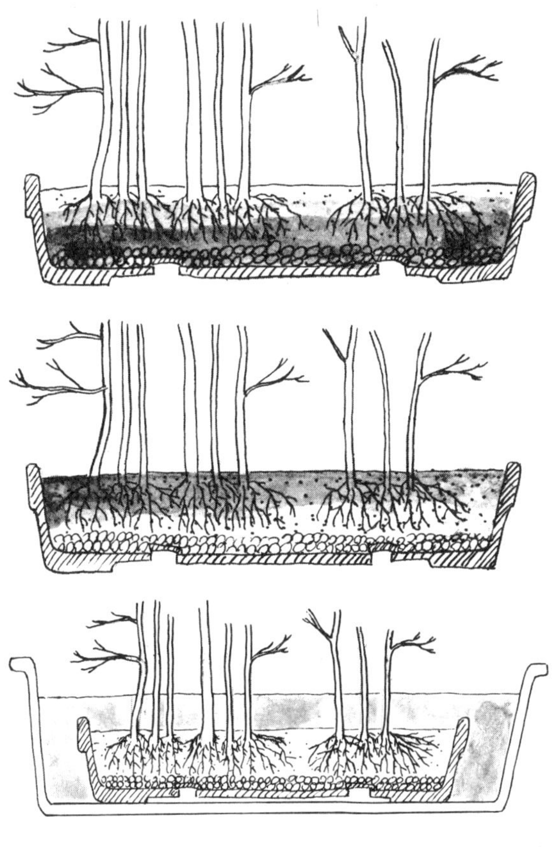

하루에 한번 밖에 물을 줄 수 없는 사람은 한번 물을 주었으면 5~10분 후에 다시 한번 화분 바닥에서 물이 흘러 나올 때까지 물을 주면 흙도 충분히 물을 함유하게 되고 여름이라도 하루 종일 가 준다.

*비 료

기름찌끼를 주체로한 것을 비료에는 무기질의 화학비료와 유기비료가 있다.

나무가 살아 가는 데는 광합성으로 만들어지는 유기물 외에 질소, 인산 칼리와 같은 무기물이 필요하고 이들을 흙 속에서 얻고 있다.

한정된 화분 흙 속에서는 이들 무기물이 부족함으로 우리들이 보급해 주어야 한다. 이것이 비료이다.

무기물의 화학비료는 즉효성이 있으므로 편리하지만 너무 농도가 높아 사용량을 실수하면 나무가 마를 위험이 있으므로 초보자에게는 권할 수 없다.

분재에서는 깻묵을 주체로 하여 골분이나 생선 가루를 섞은 유기비료를 실시하도록 한다.

나무는 화분 흙 속에서 흙 속에 무수히 있는 미생물과 공생하고 있다. 유기 비료는 우선 그들 미생물의 식료가 되고 무기물에 분해되어 나무에 흡수된다.

유기비료는 즉효성은 없지만 조금 많이 주어도 미생물 단계에서 조정됨으로 나무를 위해서는 안심하고 사용할 수 있는 것이다.

시비량과 시기에 관해서 시비량은 수종이나 수세, 화분의 크기 등에 의해 달라진다. 기준으로서는 30㎝ 화분에 경단 크기의 깻묵을 근원에서 가능한 떨어진 곳에 4 개 정도 준다.

시기는 3 월부터 장마기와 한여름을 제외하고 10월까지 3 주간에 1 회 정도하면 좋을 것이다. 단 다시 심기를 한 것은 1 개월 정도는 시비를 삼가한다. 뿌리를 자른 뒤 아직 새 뿌리가 충분히 뻗어 있지 않으므로 시비를 해도 흡수할 수는 없다. 1 개월 정도 있으면 신근도 뻗으므로 최초에는 소량을 조금씩 주다가 양을 늘리도록 하는 것이다.

*병충해

나무도 생물이므로 종종 병이나 해충의 해를 입는다.

나무의 병은 곰팡이, 바이러스, 박테리아 등에 의해 일어나지만 이들에 감염된다 해서 꼭 발병한다고는 할 수 없다. 저항할 수 있는 정도의 수세가 있으면 되는 것이다. 발병하는 데는 그 나름대로의 원인이 있으므로 우선 원인을 확인하고 나쁜 곳은 제거해 준다.

다시 심기 때 뿌리 자르는 법, 용토물주기, 정지, 비만, 놓는 장소 등

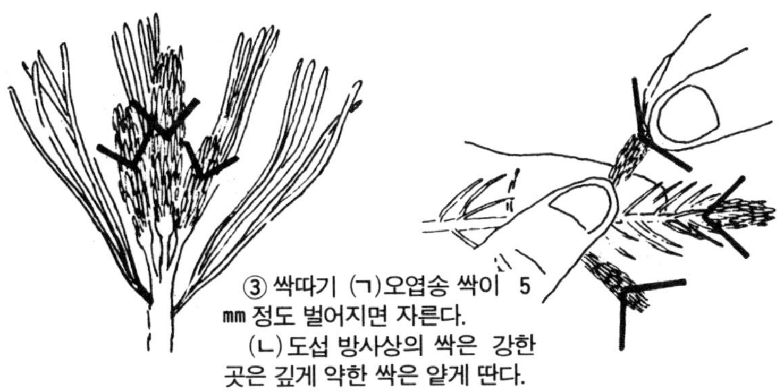

③ 싹따기 (ㄱ)오엽송 싹이 5㎜ 정도 벌어지면 자른다.
(ㄴ)도섭 방사상의 싹은 강한 곳은 깊게 약한 싹은 얕게 딴다.

기본적인 배양 관리가 적절한가 어떤가 다시 한번 되돌아 보는 것이 중요하다.

해충은 싹이 쓸 때 진디가 잘 생기므로 싹 틀 때의 예방은 특히 중요하다.

병충해가 발생하면 다른 나무에 전염되지 않도록 발견하는 대로 구제한다.

내일 하려고 생각하다가 피해가 커지므로 가능한 빨리 구제한다.

＊정지(整枝)

분재에서는 배양 관리에 의해 수형을 유지하고 수자를 정비하여 수격을 높이려 노력한다.

배양 관리 중 수자를 정비하기 위해 실시하는 것이 정지이다.

정지는 수종이나 수새에 의해 방법이나 시기가 달라지는데 주요 수종의 영역을 설명해 두겠다.

싹따기 싹 끝에 세력이 집중되어 도장하는 것을 막기 위해 실시한다.

나무에는 정아가 성장하고 있을 때는 정아 중에 옆의 싹을 억제하는 호르몬이 작용하여 옆싹이 움직일 수 없게 하는 성질이 있다.

그러므로 정아를 따 옆싹의 성장을 촉진시켜 작은 가지를 많이 만

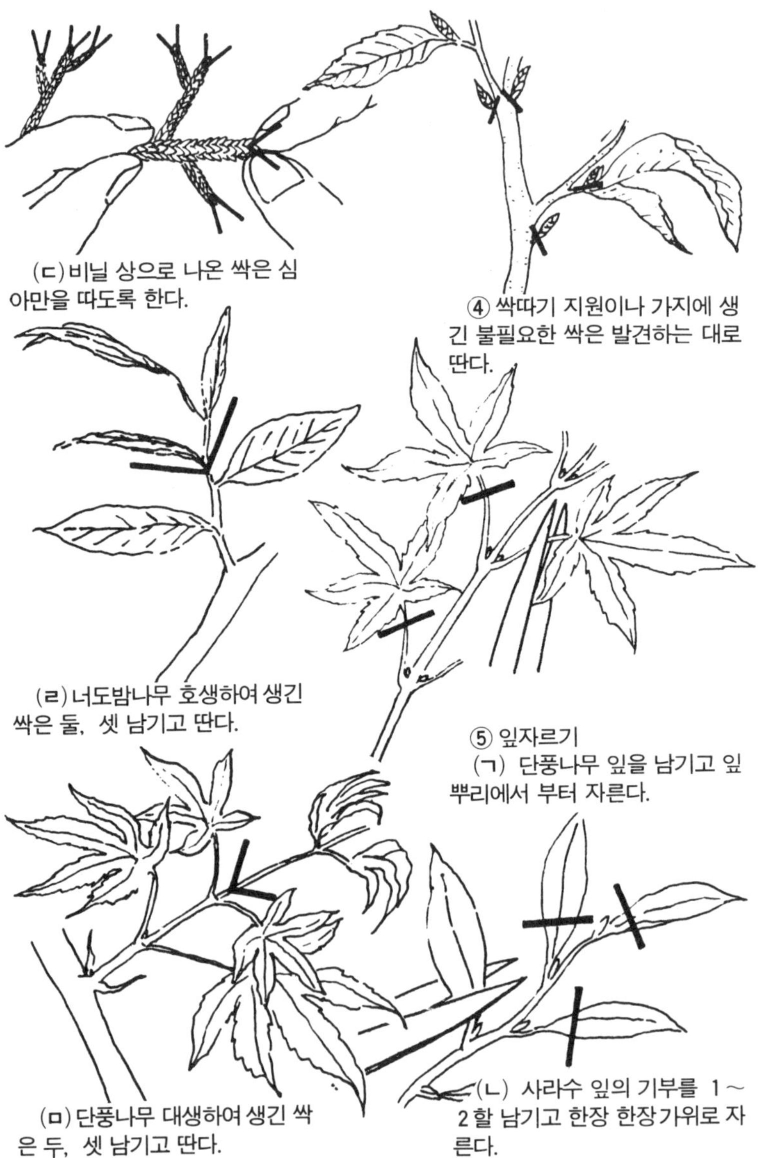

(ㄷ) 비닐 상으로 나온 싹은 심아만을 따도록 한다.

④ 싹따기 지원이나 가지에 생긴 불필요한 싹은 발견하는 대로 딴다.

(ㄹ) 너도밤나무 호생하여 생긴 싹은 둘, 셋 남기고 딴다.

⑤ 잎자르기

(ㄱ) 단풍나무 잎을 남기고 잎뿌리에서 부터 자른다.

(ㅁ) 단풍나무 대생하여 생긴 싹은 두, 셋 남기고 딴다.

(ㄴ) 사라수 잎의 기부를 1～2할 남기고 한장 한장가위로 자른다.

드는게 된다.

싹따는 시기는 삼목이나 도섭, 잡목류와 같은 것은 나무가 활동하고 있는 동안에는 새싹이 남으로 새싹이 나와 있는 기간에는 그때그때 실시한다. 그러나 가을까지 가면 새로운 싹이 단단해 지기 전에 추위가 옴으로 가지 마름을 일으키는 경우가 있으니 9월 말에는 하지 않는다.

싹 따기 잡목류 등은 지원이나 가지 도중에 부정아가 잘 생긴다. 부정아는 어리므로 그대로 두면 그 싹에 힘이 생겨 중요한 고지를 말려 버린다. 이것은 보는 대로 자르도록 한다.

잎 자르기 단풍나무, 느티나무, 사과수와 같은 낙엽수에 실시하는 정자법이 있다.

방법은 새순이 열린 장마기에 모든 잎을 뿌리에서부터 잘라준다. 단 약한 가지의 잎은 남기도록 한다.

잎자름은 1년에 2회 새순을 냄으로 작은 가지를 늘려 잎 모양을 작게 밀생시키려면 관상상 아름다워 진다. 그러나 나무에게 있어서는 1년에 2년 분의 일을 시키는 것이므로 잎자르기에 견딜 수 있는 수세를 갖추고 있는 나무에 한한다.

모아심기에서는 일부의 가지나 나무의 수세가 강하여 전체의 밸런스를 깨뜨릴 것 같은 것에 잎자르기를 실시하면 그부분의 수세가 억제되어 전체에 평균적인 힘이 가해지는 것이다.

일부의 가지만을 잎자름 하는 것은 부분 잎자르기라고 하고 너도밤나무 등에도 실시한다.

싹 자르기 낙엽수의 잎자르기에 비해 흑송이나 적송에 실시하는 정자법이다.

방법은 새싹이 싹트기 시작한 6월 중순부터 7월 상순에 걸쳐 약한 싹에서부터 순서대로 1주일 간격으로 3회 정도로 나누어 싹 뿌리에서부터 자른다.

싹 자르기도 잎 자르기와 같이 가지수를 늘려 짧은 잎을 즐길 수가 있으나 나무는 1년에 2년 분의 일을 하는 것이므로 그런 만큼 수세가 있는 나무에만 실시한다.

수세가 없는 나무에 싹 자르기를 실시하면 새로운 싹이 나지 않으므로 나무가 약해지고 말라버리는 경우가 있다.

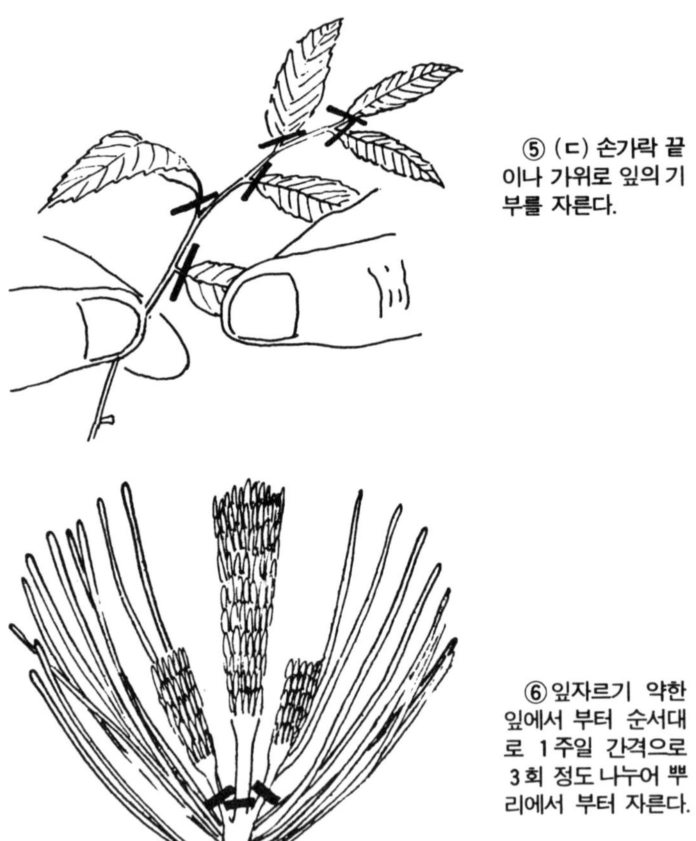

⑤ (ㄷ) 손가락 끝이나 가위로 잎의 기부를 자른다.

⑥ 잎자르기 약한 잎에서 부터 순서대로 1주일 간격으로 3회 정도 나누어 뿌리에서 부터 자른다.

모아심기의 다시 심기

어째서 다시 심기가 필요한가 화분 안이라는 한정된 흙에서 나무를 키우는 것이므로 몇 년 동안이나 다시심기를 하지 않으면 흙속의 틈새가 뿌리나 노폐물로 가득 차게 되어 물을 주어도 물이나 공기가 통과할 수 없는 상태가 되어 버린다. 그러므로 다시 심기를 하여 새로운 용토로 바꿈으로써 통기와 배수가 좋아지고 나무의 신진대사를 왕성하게 하여 나무를 건강하게 한다.

또 활동력이 없어진 고근을 잘라 새로운 뿌리의 발근을 촉진시키는 것과 함께 원기 좋은 잔뿌리를 자름으로써 수세가 강한 부분의 생장을 억제하고 나무 전체의 생장을 평균화시킨다.

다시 심기의 시기 나무 뿌리가 움직이기 시작하고 싹이 물들어 가는 봄이 적기이다.

시기는 중부지방에서는 봄의 피안 전후이다.

이 시기이면 나무가 가장 활발하게 활동하기 시작함으로 가지나 뿌리를 잘라도 상처가 적고 발근 발아도 빨리 실시된다.

다시 심기의 횟수 매년 한번이라고 말할 수는 없다. 나무의 수종, 수세, 용토, 화분의 크기 등으로 각각의 생육 속도가 달라진다.

그러므로 다시 심기의 기준으로서는 나무의 뿌리가 화분 흙을 다 먹은 상태로 물을 주어도 화분의 표면에 쌓여 있어 좀처럼 화분 속으로 물이 흡수되지 않는 때이다.

일반적으로는 잡목류는 2－3 년에 1 회, 송백류는 4－5 년에 1 회 정도이다.

다시 심기의 용토 심을 때의 용토에 준한다.

• 배식을 바꾸지 않을 경우의 다시 심기

①다시 심기를 한 지 4년 째의 모아심기
②가지 자르기는 싹이 있는 곳에서

다시 심기를 한 후 4년 째의 ×□. 사진의 화분은 애호가가 산 실생 2－3년생의 ×□를 모아심기로 만들어 10년 정도 가지고 있는 것이다. 현재 화분에 다시 심기를 한지 4년 째라고 하므로 이에 다시 심기를 할 필요가 생긴다.

오래 가지고 있었기 때문인지 나무 껍질도 나와 있고 주목을 중심으로 자연림다운 풍경으로 일단은 모아심기로 볼 수 있으므로 이대로의 배식으로 새로운 화분에 다시 심기를 했다.

지나치게 뻗은 가지를 자른다 우선 정리를 한다. 지나치게 뻗은 가지는 자르고 불필요한 가지는 뿌리에서부터 잘라 떨어뜨린다.

가지를 자를 때는 반드시 싹이 있는 곳 앞에서 자른다.

화분에서 나무를 뺀다 화분에서 나무를 빼는데 이 화분과 같은 화분은 젓가락을 모서리를 따라 돌려 빼도록 한다. 화분 끝에 뿌리가 붙어 빠지지 않을 때는 잘 드는 칼로 둘레의 뿌리를 잘라 내는 경우도 있다.

다시 심기를 한 후 4 년 째이므로 가지도 화분 속 가득 뻗어 있다.

뿌리를 정리한다 화분에서 나무를 뺐으면 뿌리가 다치지 않도록 주의 뿌리에서부터 젓가락으로 풀어가 고토를 제거한다.

표토도 뿌리가 나타날 정도로 털어낸다. 주위의 뿌리는 잘 드는 가위로 전체 1/3 정도 자른다.

가지 아래의 뿌리도 평평하게 자른다. 이 때 가지 아래에 뻗어 있는 굵은 뿌리는 가능한 자르도록 한다.

하근의 정리가 끝나면 다음은 상근도 정리한다. 뿌리에서 나와 있는 불필요한 뿌리는 잘라낸다.

화분을 준비한다 지금까지의 화분은 조금 작고 여백이 없기 때문에 경치의 폭이 생기지 않았다. 그러므로 폭을 만들어 내기 위해

③정리한 것
④나무를 화분에서 뺀다.

조금 큼직한 화분을 준비했다.

화분 구멍은 망으로 덮고 나무를 움직여도 흔들리지 않도록 안팎에서 철사로 고정시켜 둔다.

그리고 나무를 더 단단히 고정시키기 위해 화분 바닥에 철사를 통과시켜 둔다.

용토는 평평하게 만들어 둔다

용토는 적옥토에 2 할 정도의 동생사를 섞은 배합토를 사용한다.

화분 바닥에 얇게 중간 알갱이를 깔고 그 위에 용

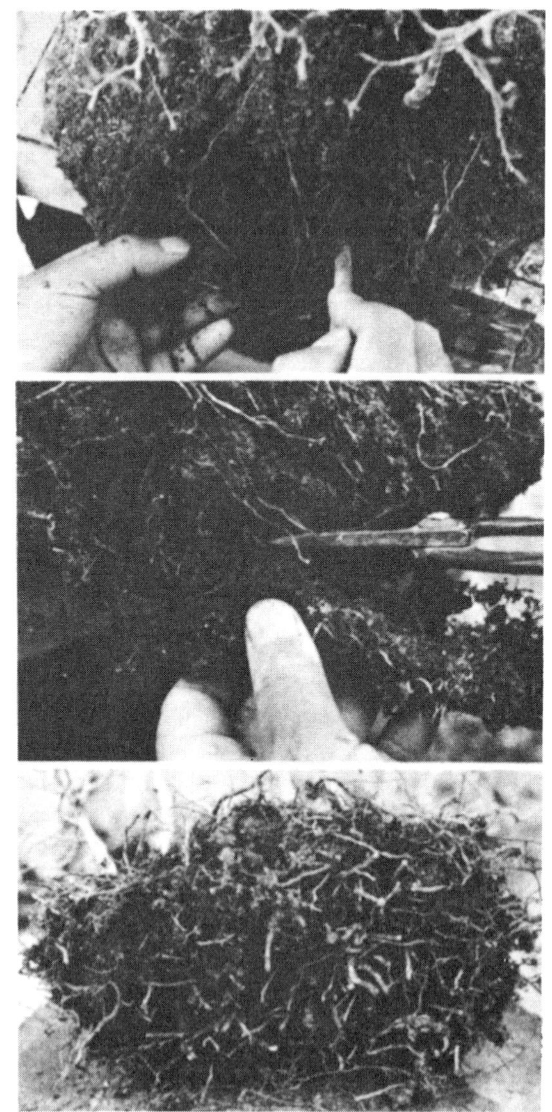

⑤뿌리는 주위에서부터 푼다.
⑥ 주위의 뿌리를 자른다.
⑦가지 아래의 뿌리도 평평하게 정리한다.

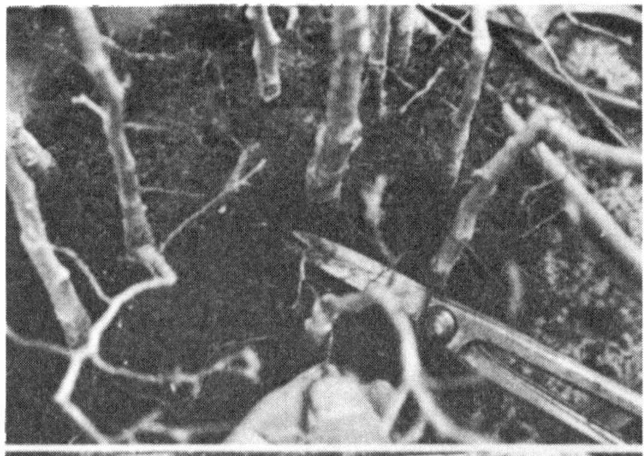

토를 넣고 표면을 평평하게 한다.

비비듯이 심는다. 뿌리가 서로 엉켜 하나의 단단한 덩어리가 되어 있으므로 심어 넣을 때는 양끝을 누르고 비비듯이 하면 하근에 용토가 잘 들어간다.

심어 넣기가 끝났으면 화분 바닥에 통과해 있는 철사로 묶어 나무를 화분에 단단히 고정시킨다.

물주기는 구멍이 작은 것을 사용한다. 물주기는 용토가 안정되어

⑧불필요한 윗뿌리를 자른다.
⑨화분 구멍의 망을 고정시킨다.
⑩용토는 평평하게 쓸어 둔다.

있지 않으므로 유출되지 않도록 구멍이 작은 것을 사용한다.

물뿌리개는 화분 사방으로 돌려 물을 화분 구석구석까지 주고 화분 바닥에서 깨끗한 물이 흘러 나올 때까지 충분히 물을 준다.

완료 다시 심기가 완료된 때이다.

화분을 크게 한 것이므로 경치에 폭이 생겼다.

심어 넣을 때 나무 전체를 조금 왼쪽으로 치우치게 하고 이것을 정면으로 했다. 주

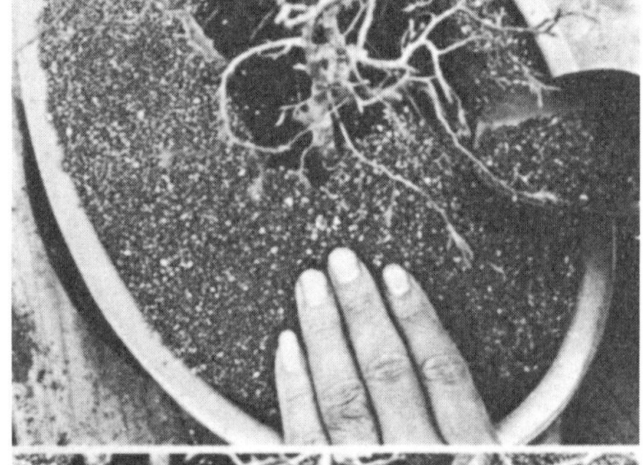

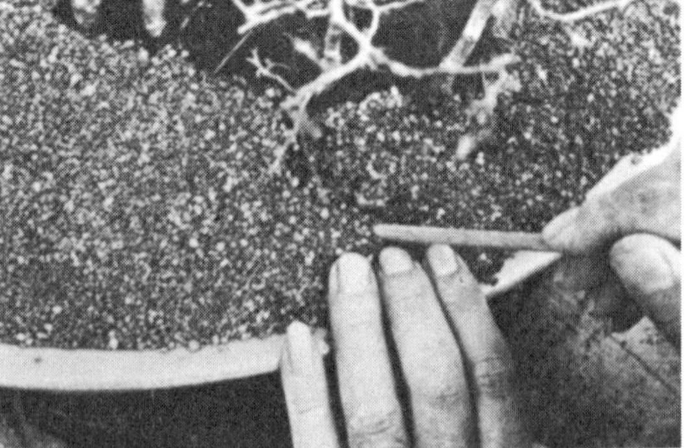

⑪나무를 철사로 고정시킨다.

⑫용토를 넣는다.

⑬젓가락으로 뿌리 구석구석까지 용토를 넣는다.

목 앞에 있는 나무가 주목과 겹쳐 있는 가지가 있으나 이 위치로 하면 겹쳐 지지 않아 주목이 산다.

①의 사진과 비교해 보기 바란다.

가지 수가 많을 때는 겹쳐지는 가지가 생기지 않도록 하는 것은 무리일지 모르지만 이 정도이면 겹쳐지는 가지가 없는 편이 경치가 커진다.

심는 위치를 조금 움직일 뿐인데 경치가 변하므로 다시 심을 때에는 심는 위치를 잘 검토하도록 한다.

⑭인두로 표토를 누른다.

⑮구멍이 잔 물뿌리개로 물을 뿌린다.

⑯완료된 때

• 배식을 바꿀 경우의다시 심기—삼목을 예로 하여

모아심기 5년 째인 삼목 꺾꽂이로 만든 소재를 모은지 5년 째인 것이다.

맨가운데의 두 그루가 같은 크기로 어느쪽이 주목인지 알 수 없기 때문에 어딘지 이상한 분재가 되어 있다.

그러므로 다시심기로 뒤의 나무를 빼고 배식을 바꾸기로 했다.

① 모아 심기 5년 째의 삼목 분재

다시 심을 때는 화분 속을 말려 둔다 다시 심기를 실시하려는 화분은 전날부터 물을 주지 말고 화분 속이 마르도록 한다.

화분 흙이 말라 있으면 뿌리 풀기가 편해지고 뿌리를 다치는 경우도 적은 것이다.

화분에서 나무를 뺀다 화분 끝을 2－3번 두드리면 화분과 나무 사이에 틈이 생겨 간단하게 나무를 화분에서 뺄 수 있다.

모아심기를 한 지 5년, 한번도 다시 심기를 하지 않았으므로 화분 가득히 뿌리가 뻗어 있다.

뿌리를 젓가락으로 푼다 뿌리는 화분 주위나 화분 바닥에 겹쳐져 뻗어 있으므로 그들을 젓가락으로 푼다.

금속제의 작은 것이 뿌리 푸는 도구로서 시판되고 있으나 그것을 사용하는 것은 권할 수 없다.

그것으로 푸는 것은 작업은 능률적이지만 금속성이므로 뿌리를 상하게 만든다.

시간이 걸려도 젓가락으로 뿌리가 다치지 않도록 정성스럽게 푼다.

연결 뿌리를 잘라내어 독립시킨다

배식을 바꿀 것이므로 나무를 한 그루씩 독립시킨다.

5년 동안 그냥 두었으므로 뿌리가 서로 엉켜 젓가락으로 푸는 것 만으로는 뗄 수가 없다. 이와 같은 때는 젓가락으로 가능한 풀고 고토를 털고 가위로 자른다.

뿌리가 두꺼워 가위를 사용할 수 없을 때는 나이프로 잘라낸다.

잘라낸 나무는 배식하기 쉽도록 하근이 평평해지게 정리한다.

② 화분에서 뺀 때.
③ 뿌리를 푼다.
④ 가능한 풀어 고토를 떨어뜨린다.

새로운 모아심기를 만드는 요령 다시 심기라고 해도 다시 배식을 하는 것이므로 새로운 모아심기를 만들게 된다.

화분 바닥에 용토를 넣고 배식을 생각해서 심어 넣고 나무를 고정하여 위에서부터 용토를 넣는다는 순서의 작업이 된다.

완료 두 그루의 나무를 떼고 각각 독립수로서 키우기 위한 화분에 심었다.

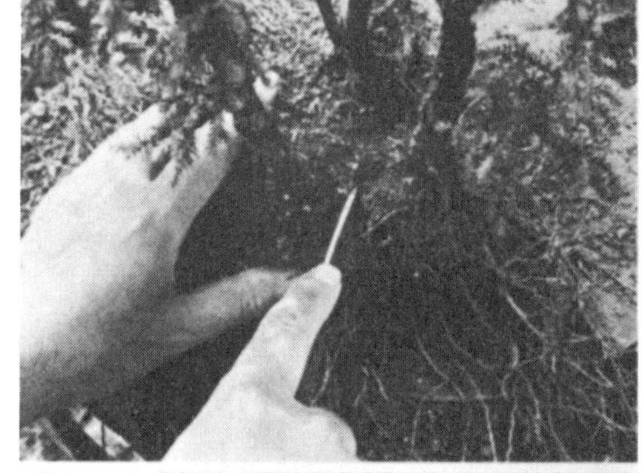

⑤ 가위로 자른다.
⑥ 가위를 사용할 수없을 때는 나이프
⑦ 뿌리의 정리

모아심기 쪽은 주목을 한 그루로 하고 대소가 확실한 나무를 주위에 심어 보았다. 사진 ①에 비해 경치가 안정되고 깊이가 생겼다.

앞으로는 작은 나무에 싹이 자라면 그 싹을 키우고 가지를 만들어도 좋은 풍경이다.

⑧ 심어넣기를 한다. (왼쪽)
⑨ 완료된 때 (아래)

모아심기

즐기는 법

• 정월용 매화 모아심기

정월에 방을 장식해 주는 매화 모아심기.

정월용 화분이라도 조금 손질을 해 주면 다음 해에 훌륭한 모아심기 분재로서 즐길 수가 있다.

핀 꽃을 따고 옥외로 내놓는다 꽃이 다 폈으면 꽃을 뿌리에서부터 따고 가능한 빨리 밖의 공기에 닿게 해 준다.

처마 밑 등에 내 놓았으면 화분 속이 건조되지 않도록 오전 중에 물을 주고 다시 심기의 적기까지 기다린다.

다시 심기를 실시한다 초봄이 되어 뿌리가 움직이기 시작하면 다시 심기를 실시한다. 관동지방에서는 2월 중순에서 3월 중순이 적기이다.

모아심기를 하여 뿌리를 푼다 화분에서 나무를 빼어 모아 심기를 한다.

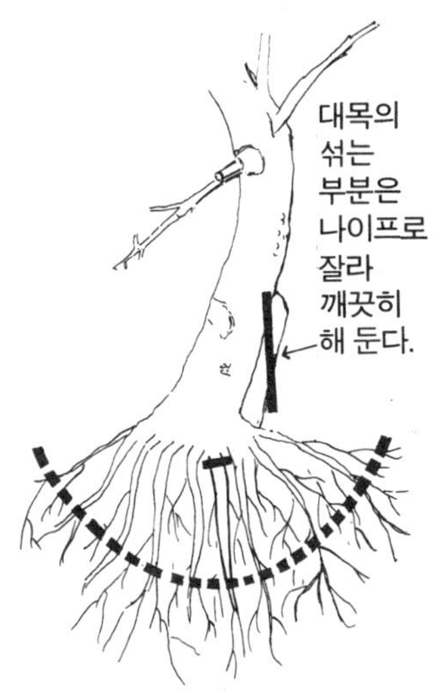

한그루가 된 매화나무는 젓가락으로 뿌리를 다치지 않도록 정성스럽게 뿌리 전체의 2/3 정도 풀어 고토를 떨군다. 뿌리 아래의 흙도 떨어뜨려 둔다.

이때 점토질로 꼬들꼬들 굳어져 있는 듯한 흙에 심었을 때는 가능한 한 많은 흙을 제거하도록 한다.

뿌리를 정리한다 뿌리 아래에서 부터 나와 있는 뿌리나 강하게 달리는 뿌리는 근원에서 부터 자르고 지나치게 뻗은 뿌리는 2/3 정도 자른다.

접목을 깨끗히 한다 정월용으로 만든 매화나무는 대부분 접목이 늘어나 있다.

접목이 혹이 되어 있거나 대목의 불필요 부분이 남아 있으므로 나이프로 잘라 둔다.

정지한다 가지는 1, 2 싹을 남기고 앞을 잘라 떨어뜨린다.

가지 뿌리에서부터 나와 있는 싹이나 불필요한 싹도 뿌리에서부터 떨어뜨려 둔다.

중심의 화분에 심는다 화분에 심어 넣기인데 화분은 그다지 큰 것을 사용하지말고 중심의 것이 좋을 것이다.

용토는 작은 알갱이의 적옥토 8, 모래 2, 또는 적옥토 8, 모래 1, 부엽토 1 정도의 비율로 섞은 것을 사용한다.

화분 바닥에 적당히 흙을 깔고 그 위에 용토를 넣고 나무가 가장 아름답게 보이는 위치를 정면에 정하여 심어 넣고 뿌리 위에서부터 용토를 넣는다.

젓가락으로 용토를 찌르고 뿌리 구석구석까지 용토가 가도록 하여 다 끝난 후에는 충분한 물을 준다.

소나무와 조릿대는 각각의 화분에 심어 둔다 소나무와 조릿대도 뿌리를 한다.

그 후의 관리 심어 넣기가 끝났으면 선반 위에 내놓는다. 3월에는 아직 서리가 내릴 우려가 있으므로 서리가 내릴 듯한 때는 실내에 놓아 두도록 한다.

모아 심기로서 즐길 때는 이대로 한그루로서 감상할 수도 있으나 정월에 장식으로서 사용하고 싶을 때는 12월에 들어가 모은다.

심은 흙이 떨어지지 않도록 화분에서 나무를 빼어 뿌리를 자르지 말고 그대로 하나의 화분에 모은다.

• 버드나무의 덩어리 만들기

은록의 잎을 바람에 흔들고 있는 버드나무는 여름의 더위를 식혀 준다.

그 버드나무를 가볍게 방에서 감상하려는 생각으로 만든 것이 여기에서 소개할 덩어리 만들기이다.

소재는 꺾꽂이한 것을 사용한다.

만드는 방법이 간단하여 누구라도 할 수 있으므로 한번 시험해 보기 바란다.

꺾꽂이를 할 시기 버드나무는 싹이 빨리 남으로 1월 하순에서 2월 초순경에 실시한다.

꺾꽂이 이삭 만드는 방법 기부에 3년 가지를 10~15㎝ 붙여 둔다.

오래 쳐져 있던 가지 끝은 뿌리를 2～3싹 남기고 잘라 둔다.

꺾꽂이 하는 방법 "버드나무는 물 꺾꽂이"라고 일컬어 지듯이 물

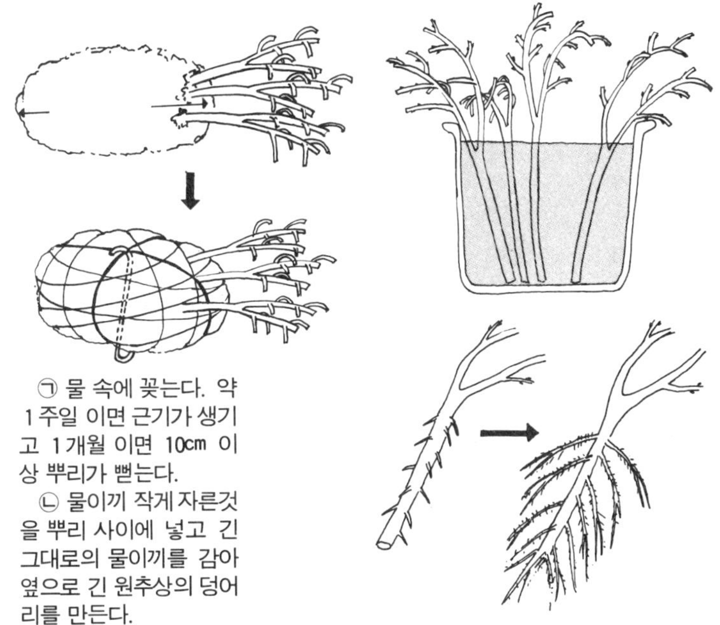

㉠ 물 속에 꽂는다. 약 1주일 이면 근기가 생기고 1개월 이면 10㎝ 이상 뿌리가 뻗는다.
㉡ 물이끼 작게 자른것을 뿌리 사이에 넣고 긴 그대로의 물이끼를 감아 옆으로 긴 원추상의 덩어리를 만든다.

속에 넣어 두면 발근한다.

양동이와 같은 용기에 10~15㎝ 정도 물을 넣고 그 속에 싹을 넣어 둔다.

꺾꽂이 후의 관리 겨울 시기임으로 꺾꽂이 바닥의 물이 얼지않도록 보호실이나 실내 따뜻한 곳에 두고 물은 1주일 정도를 간격으로 바꾼다.

1주일 정도면 여기 저기에 흰 곰팡이상의 근기가 생기고 거기에서 발근된다.

1개월 지나면 뿌리는 10㎝ 정도 뻗어 간다.

*덩어리 만드는 요령

물이끼로 뿌리를 감싼다 꺾꽂이 뿌리가 10㎝ 이상 뻗었으면 싹을 2, 3개 모아 뿌리를 물이끼로 싼다.

물이끼는 미리 물에 담구어 물을 푹 흡수시켜 두고 사용할 때 물을 짜낸다.

뿌리와 뿌리 사이에 넣을 물이끼는 뿌리를 자르거나 상처를 입히지 않도록 작게 자른 것을 사용하여 뿌리를 덮는다. 그 위에서부터 긴 그대로의 물이끼로 감싸 뿌리 근원을 둥글게 한다.

둥근 크기는 직경 15~20㎝ 정도면 좋을 것이다. 모양을 둥그런 것 보다 옆으로 긴 타원형으로 한다.

매달기 위한 철사를 통과시킨다 물이끼의 덩어리가 생기면 맨 가운데에 뿌리가 다치지 않도록 조금 굵은 듯한 철사를 위에서부터 아래로 찔러 통과시키고 상하의 끝을 구부려 둔다.

이 철사의 윗쪽은 덩어리를 낚기 위해 사용하고 아래는 풍경 등을 내리는데에 사용한다.

이 철사가 움직이지 않도록 가는 철사를 묶어 물이끼를 한번 감아 둔다.

그리고 물이끼가 떨어지지 않도록 가는 철사로 덩어리의 표면을 망상으로 감아 둔다.

양치 식물을 심는다 물이끼 만으로는 조금 외로움으로 여기에 양치 식물을 심어 덩어리 표면을 번화하게 해 준다.

양치 식물은 특별한 것이 아니고 일반적인 집 주위에 있는 것이면 되는 것이다.

양치 식물 심는 방법은 뿌리를 캤으면 고근을 잘라 내고 뿌리를 조금 잘라 물이끼에 구멍을 뚫어 심어 두도록 한다.

이끼를 깐다 물이끼를 감은 철사를 감추기 위해, 덩어리 표면을 아름답게 보이기 위해 물이끼 표면 전체에 이끼를 깐다.

깐 이끼는 벗겨져 떨어지지 않도록 철사를 구부려 핀과 같은 것으로 고정시켜 둔다.

*그 외의 관리

3월 무렵에는 아직 서리가 내릴 우려가 있으므로 밤에는 보호실이나 실내에 두도록 한다.

물과 비료는 충분히 준다 버드나무는 물을 좋아하므로 물주기는 하루에 3회나 4회라도 괜찮다. 덩어리가 마르지 않도록 충분히 실시한다.

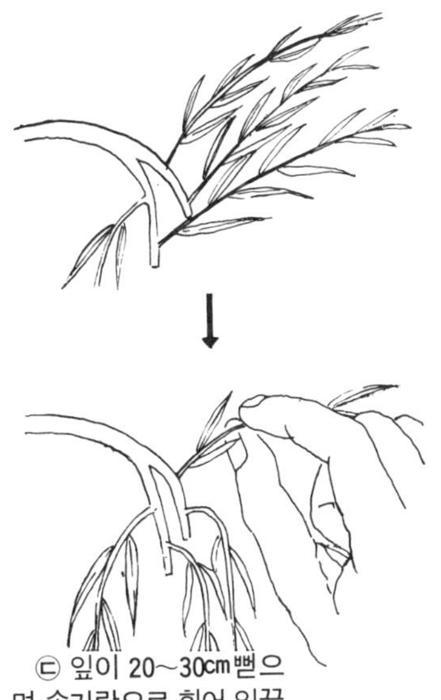

ⓒ 잎이 20~30㎝뻗으면 손가락으로 휘어 잎끝이 늘어지도록 한다.

1회에 시비량은 찻숟가락 하나 정도를 3곳에 나누어 주는 것이 좋을 것이다.

새가지는 손으로 휘어 준다 새가지는 뻗을만큼 뻗게 하여 길게 늘어지도록 한다.

새 가지는 길게 뻗으면 가지가 잎의 무게로 자연히 늘어지는데 뻗기 시작하면 늘어짐이 나빠지므로 손으로 휘어 놓는다.

휘는 방법은 잎을 상하지 않도록 가지 뿌리를 엄지와 인지로 찌르듯이 한다.

2년 째 이후의 관리 2년 째는 1년 째와 같은 관리이지만 3년 째가 되면 뿌리가 뻗어 덩어리가 굳어지므로 나이프로 3개월정도 마다 약 3㎝의 구멍을 뚫어 고근을 파낸다.

뚫은 구멍에는 새 물이끼를 막아 둔다.

*즐기는 법의 연구

덩어리 만들기를 해 둔 풀을 사계절 즐길 수가 있다.

모아심기 분재 진단

—단풍나무의 모아심기 개작

① 산단풍나무의 모아심기

지금까지는 소재를 중심으로 만드는 방법을 소개해 왔으므로 이 장에서는 애호가가 만든 분재를 소재로 하여 좋은 점 나쁜 점을 검토해 보겠다.

*이 작품의 결점

산단풍나무를 모은 것이다. 나무를 한그루 보면 일어남에 무늬가 있고 나름대로의 줄기 무늬가 있다.

그러나 전체를 모아심기로서 보면 등간격으로 병렬적인 모아심기이기 때문에 원근감이 없고 경치에 깊이가 없다.

또 재단이 제각기로 각각의 나무가 주위에 관계없이 멋대로 자라 있는 느낌으로 모아심기로서의 집합의 아름다움을 느낄 수가 없다.

가지에 철사 상처나 가지 빼기 처리의 미숙함이 나타나는 것도 마음에 걸린다. 이들을 보기 나쁘지 않게 처리해야 한다.

결점을 몇가지 지적했으나 사진과 같은 모아심기는 애호가의 선반에서 자주 볼 수 있는 것이다. 이 모아심기도 조금 손을 가하면 훌륭한 분재가 된다. 여기에서는 이것을 소재로 개작을 실시해 보았다.

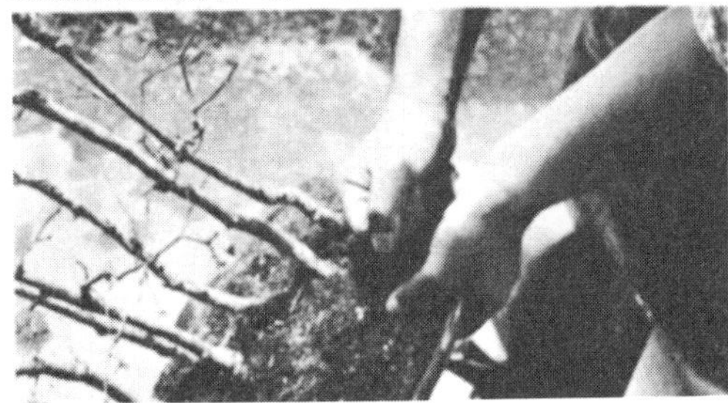

② 지나치게 뻗은 가지를 자른다.
③ 굵은 가지는 가지 자르는 기구를 사용하여 자른다.
④ 화분 끝을 2, 3회 친다.

*개작의 순서

가지를 자른다. 나무를 화분에서 빼기 전에 전체를 보고 지나치게 뻗은 가지를 자르고 강한 가지는 뿌리에서부터 잘라 둔다.

굵은 가지를 뺄 때는 가지 자르는 기구를 사용하여 자름 부분이 적게 되도록 해 둔다.

화분에서 나무를 뺀다 화분 끝을 2, 3회 치면 화분과 흙 사이에 틈이 생겨 나무를 간단히 뺄 수가 있다.

잡목류는 뿌리의 생육이 빠르므로 2, 3년에 한번은 다시 심기를 하도록 해야 하는 것이다.

주위 뿌리를 정리하고 나무를 자른다 뿌리를 주위에서 부터 젓가락으로 풀어 잘라 둔다.

또 배식을 바꿈으로 나무는 한그루 한그루 뿔뿔이 떼어 놓는다.

모아심기로 2—3년 배양하면 서로의 뿌리가 엉켜 젓가락으로 푸는 정도로는 뗄 수가 없다.

가지 상처를 고친다 가지에 큰 상처

⑤ 화분에서 뺀 때.
⑥ 주위 뿌리를 정리한다.
⑦ 자른 주위 뿌리

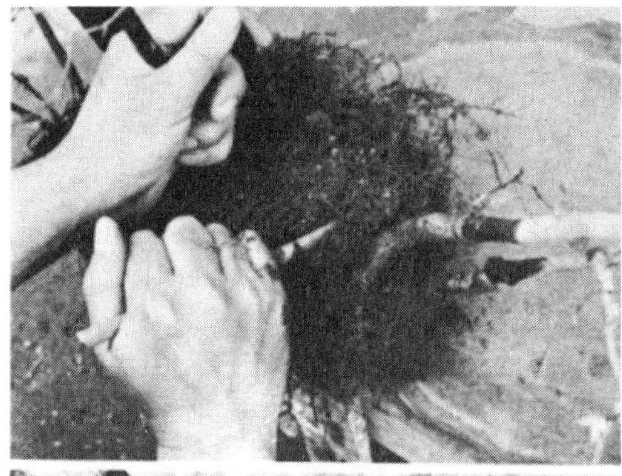

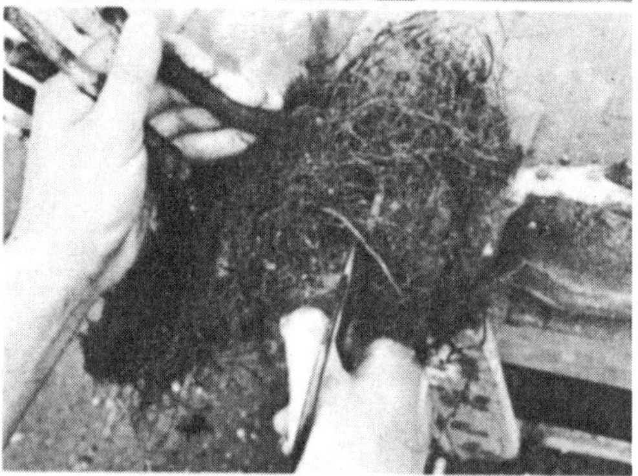

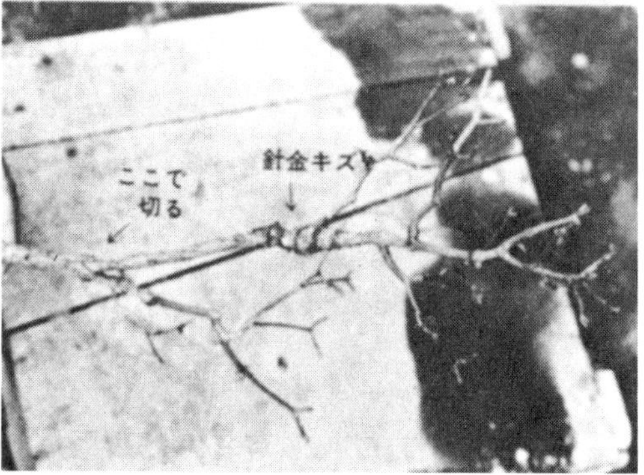

가 있는 것은 보기에 좋지 않으므로 고쳐 둔다.

사진 ⑩의 나무는 교정하기 위한 철사를 건 것인데 철사를 풀 시기가 늦어 철사가 막혀 그곳에 영양물이 정체하여 2개소가 이상하게 비대해진 것이라고 생각한다. 이대로 배양해서는 이 상처는 낫지 않는다.

사진 ⑫는 가지를 뺀 뒤 나온 몇 개인가의 싹을 그대로 둔 것으로 그 싹이 가지로서 자라고 가지 뿌리가 굵어지고 혹이 된 것일 것이다.

⑧ 젓가락으로 풀어 고토를 떨어 뜨린다.

⑨ 가위로 자른다.

⑩ 가지에 철사 상처가 있고 이상하게 굵어져 있다.

자른 뒤는 잘 드는 나이프로 상처를 깨끗이 자르고 외기에 직접 닿지 않도록 유합제를 발라 둔다.

배식을 생각하여 심어 넣는다 화분은 손으로 빚은 도기판으로 단풍나무의 모아심기에는 잘 어울리므로 그대로 사용하기로 했다.

화분 구멍을 망으로 막고 나무를 고정하는 철사를 통과시켜 용토를 넣어 둔다.

배식을 할 때에 등간격으로는 식림지와 같이 인공적이 됨으로 변 길이가 다른 삼각형을 그리는 요령으로 심을 위치를 정한다.

⑪ 상처에는 유합제를 발라 둔다.
⑫ 가지에 생긴 혹.
⑬ 자른 곳은 깨끗히 다시 자른다.
⑭ 화분에 용토를 넣는다.

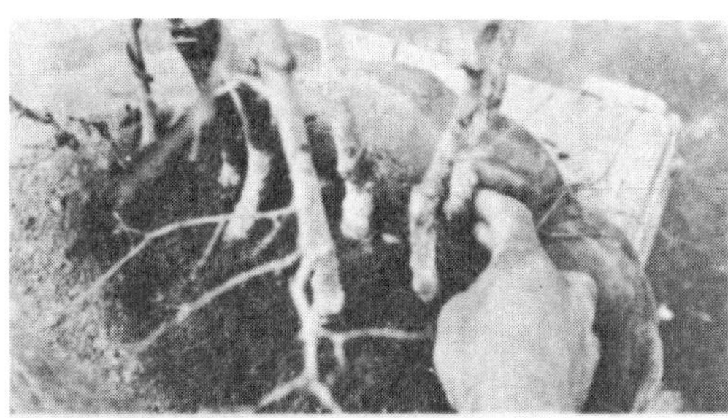
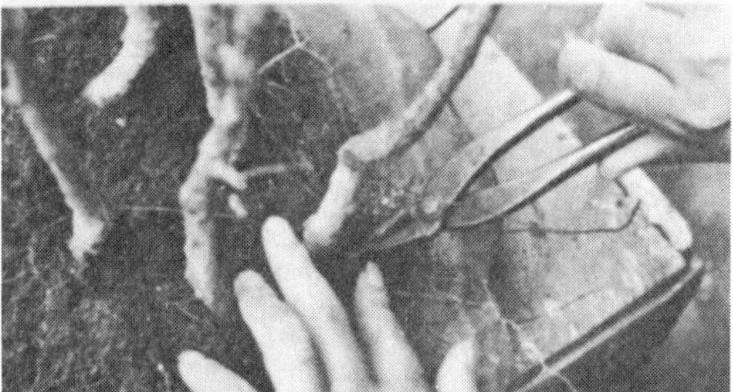

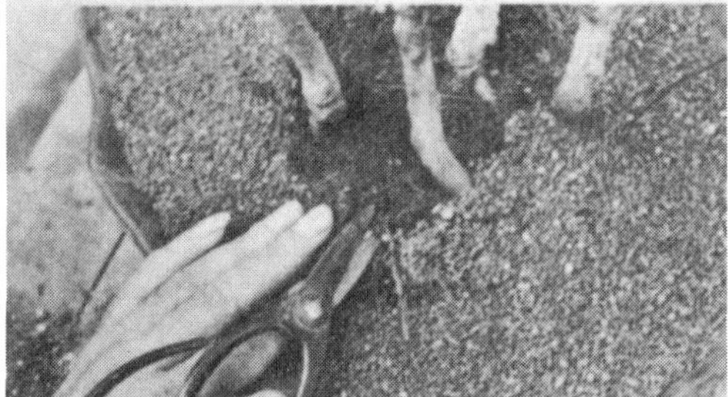

나무를 첨가할 때는 재단이 비슷한 나무를 모으면 자연스러운 느낌이 난다.

배식이 끝났으면 화분 바닥에 통과시켜 둔 철사에 나무를 연결시키고 단단히 화분에 고정시킨다.

삐져 나온 뿌리를 잘라 낸다 용토를 넣고 젓가락으로 찔러 넣으면서 뿌리 구석구석까지 용토가 전해지도록 하는데 이 때 뿌리에서 삐져 나와 용토가 들어가기 어려워지면 곤란함으로 그런 뿌리는 잘라낸다.

⑮ 배식을 정한다.
⑯ 나무를 고정한다.
⑰ 뿌리 구석 구석까지 용토를 넣는다.
⑱ 삐져 나온 뿌리는정리한다.

용토를 구석구석까지 넣었으면 표토를 인두로 누르고 화장토를표면에 깔아 충분히 물을 줌으로써 작업은 끝난다.

완료 나무 전체를 오른쪽으로 놓아 왼쪽에 여백을 만들어 경치에 폭을 만들어 보았다.

나무에 고저가 생김으로 원근감도 생길 것이라고 생각한다.

왼쪽에서 두번째의 나무는 어린 나무로 다른 나무에 비해 직선적이므로 철사로 무늬를 잡아 움직임을 표현했다.

⑲ 완료된 모습

＊개작 후의 관리 포인트

앞으로 굵어져서는 안될 것은 싹을 따거나 잎을 잘라 둔다.

또 가지 뿌리에 생긴 부정 싹을 그대로 두면 고지가 마르거나 그 부분이 굵어져 혹이 생기거나 함으로 보는대로 없애도록 한다.

2

돌끼움 분재

배식의 디자인 23예
만드는 법의 비결 13포인트
돌끼움의 실제
관리 포인트
즐기는법

돌끼움 분재

배식의 디자인 23 예

돌끼움 분재는 돌과 나무의 조합에 의해 대자연의 경치를 만들어 내는 것이다.

돌끼움에서 가장 중요한 것은 돌과 나무가 조화를 이루는 것이다.

여기에서 돌의 모양에 따라 나무의 심는 위치, 나무 무늬 등을 중심으로 배식도를 만들어 보았다.

돌끼움을 만들 때나 소재 선택 때 참고로 하기 바란다.

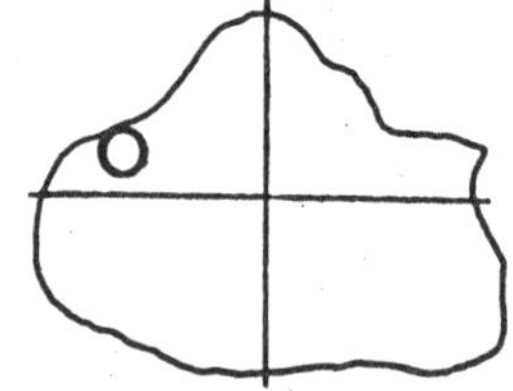

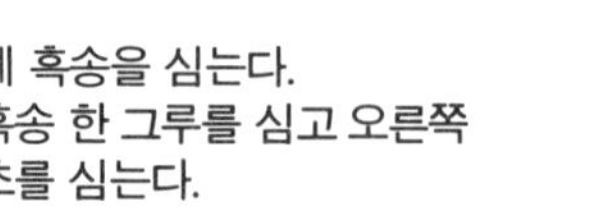

① 선돌에 흑송을 심는다.
선돌에 흑송 한 그루를 심고 오른쪽 아래에 하초를 심는다.

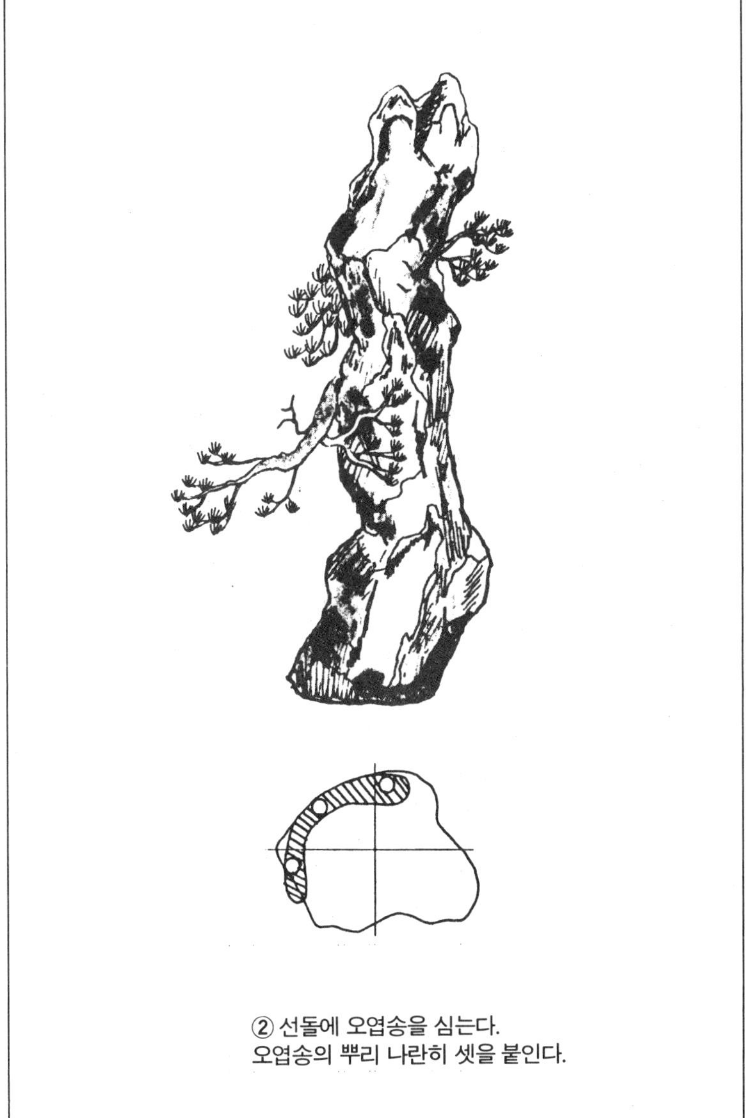

② 선돌에 오엽송을 심는다.
오엽송의 뿌리 나란히 셋을 붙인다.

③ 선돌에 흑송 세 그루를 심는다.
선돌의 중간 구멍에 흑송을 심고
하초를 배치한다.

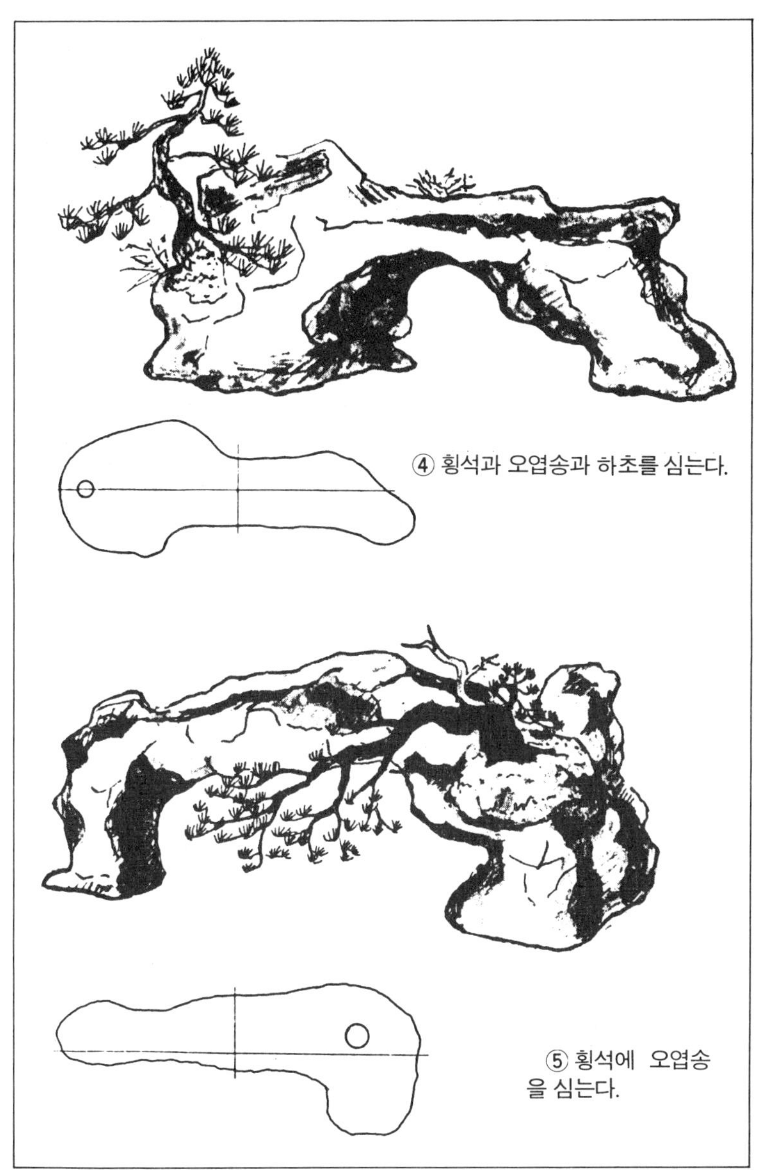

④ 횡석과 오엽송과 하초를 심는다.

⑤ 횡석에 오엽송을 심는다.

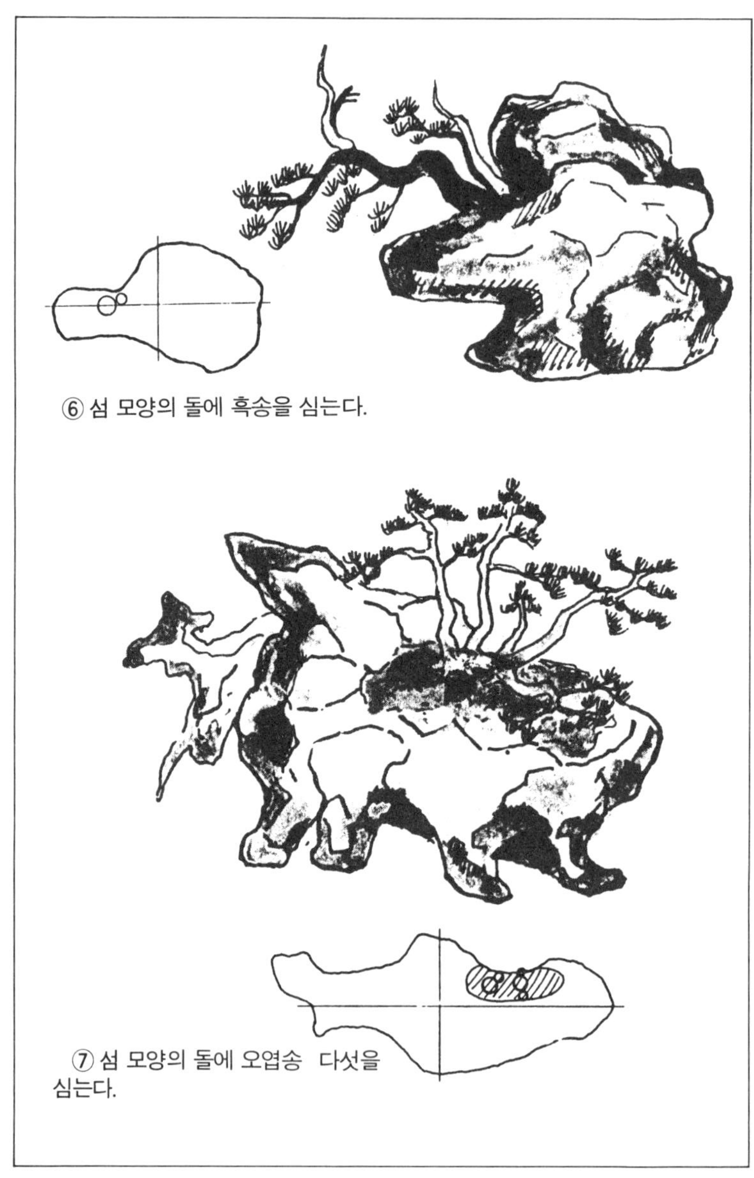

⑥ 섬 모양의 돌에 흑송을 심는다.

⑦ 섬 모양의 돌에 오엽송 다섯을 심는다.

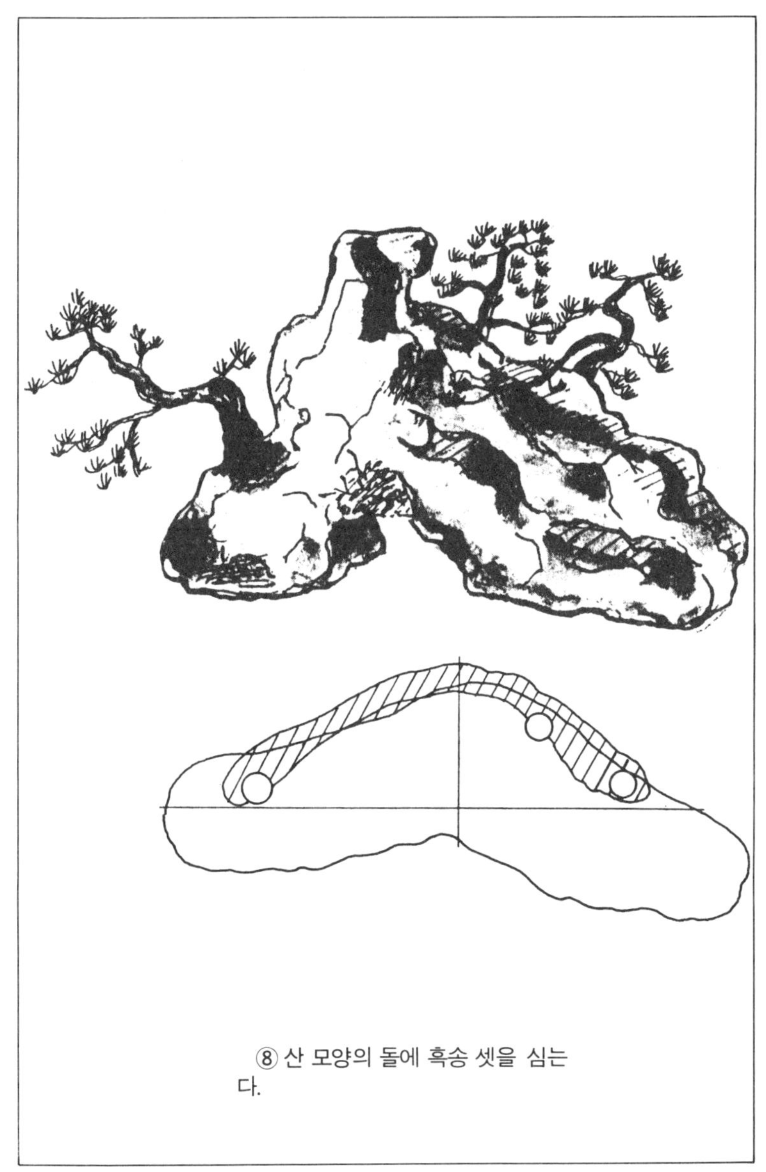

⑧ 산 모양의 돌에 흑송 셋을 심는다.

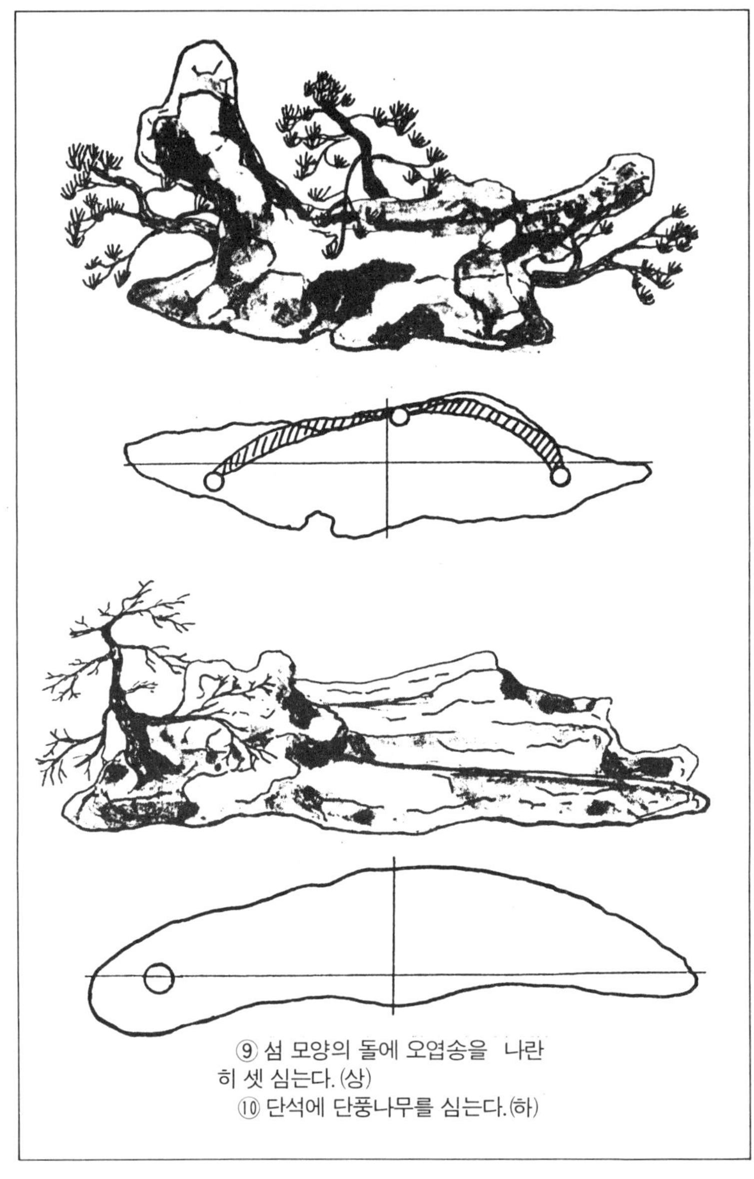

⑨ 섬 모양의 돌에 오엽송을 나란히 셋 심는다.(상)
⑩ 단석에 단풍나무를 심는다.(하)

⑪ 섬 모양의 돌에 단풍나무 두 그루 돌안기

단풍나무의 뿌리가 돌에 안기듯이 되도록 한다. 뿌리 속은 화분 속에서 자란다.

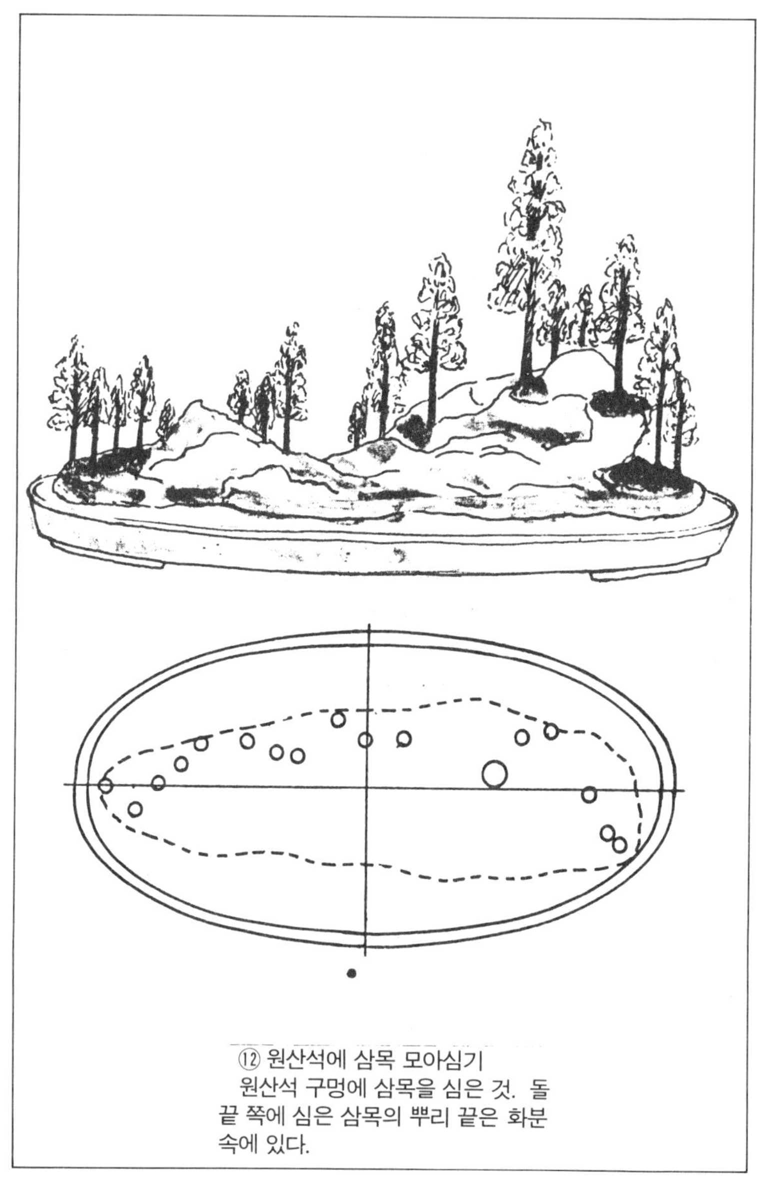

⑫ 원산석에 삼목 모아심기
원산석 구멍에 삼목을 심은 것. 돌 끝 쪽에 심은 삼목의 뿌리 끝은 화분 속에 있다.

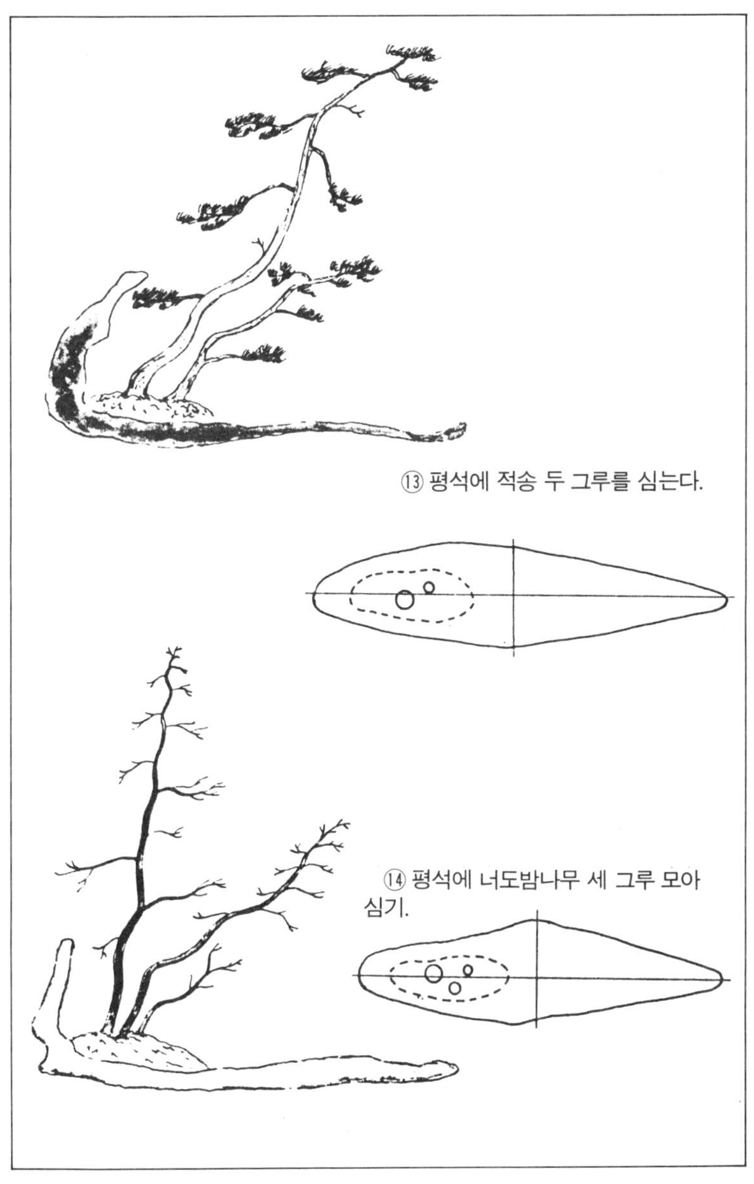

⑬ 평석에 적송 두 그루를 심는다.

⑭ 평석에 너도밤나무 세 그루 모아 심기.

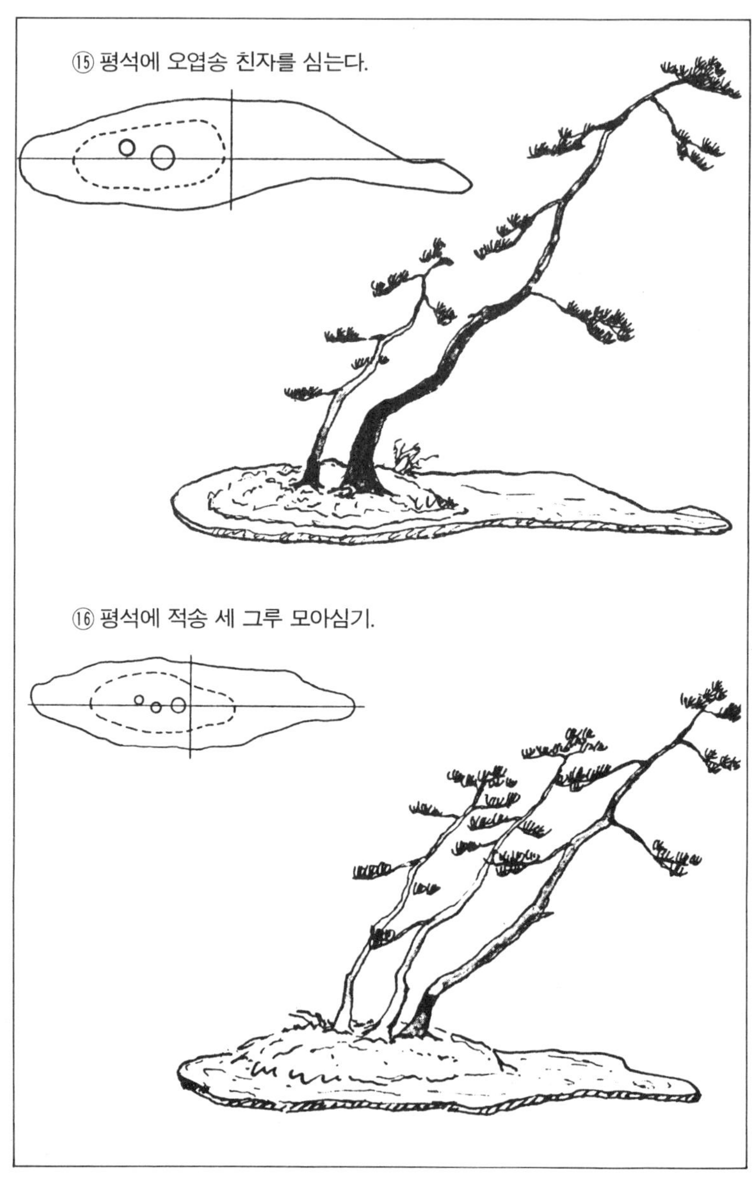
⑮ 평석에 오엽송 친자를 심는다.
⑯ 평석에 적송 세 그루 모아심기.

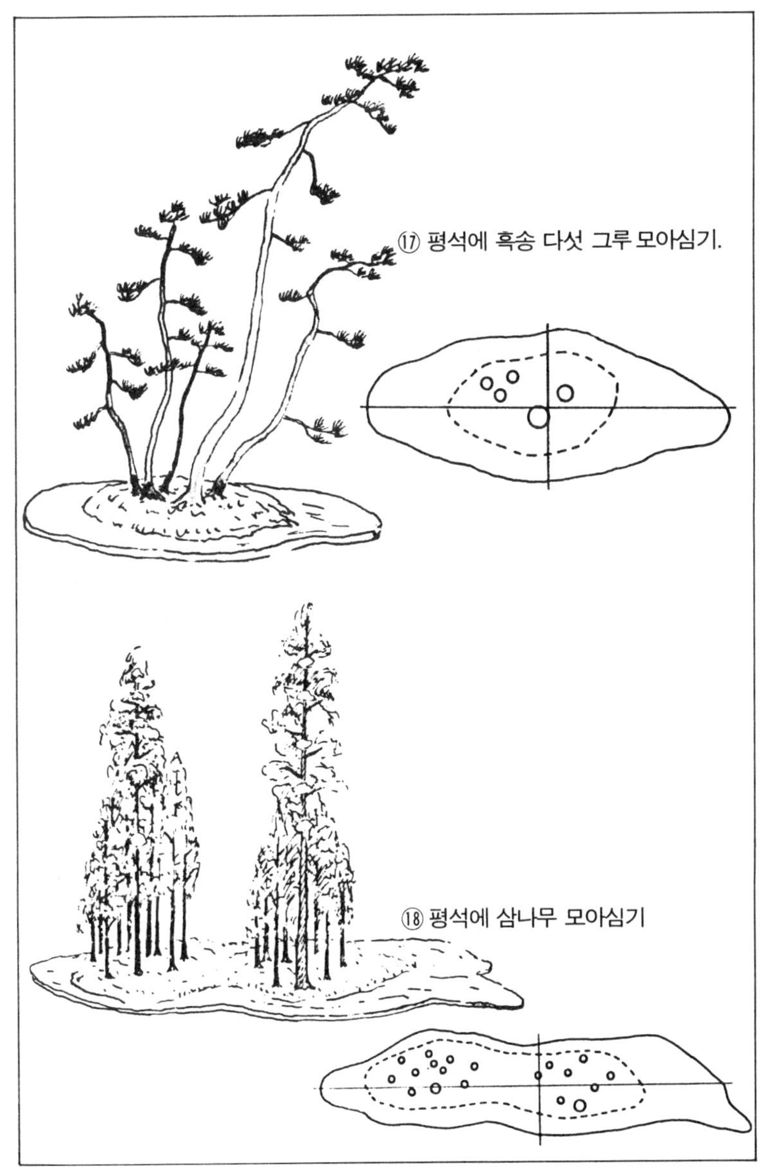

⑰ 평석에 흑송 다섯 그루 모아심기.

⑱ 평석에 삼나무 모아심기

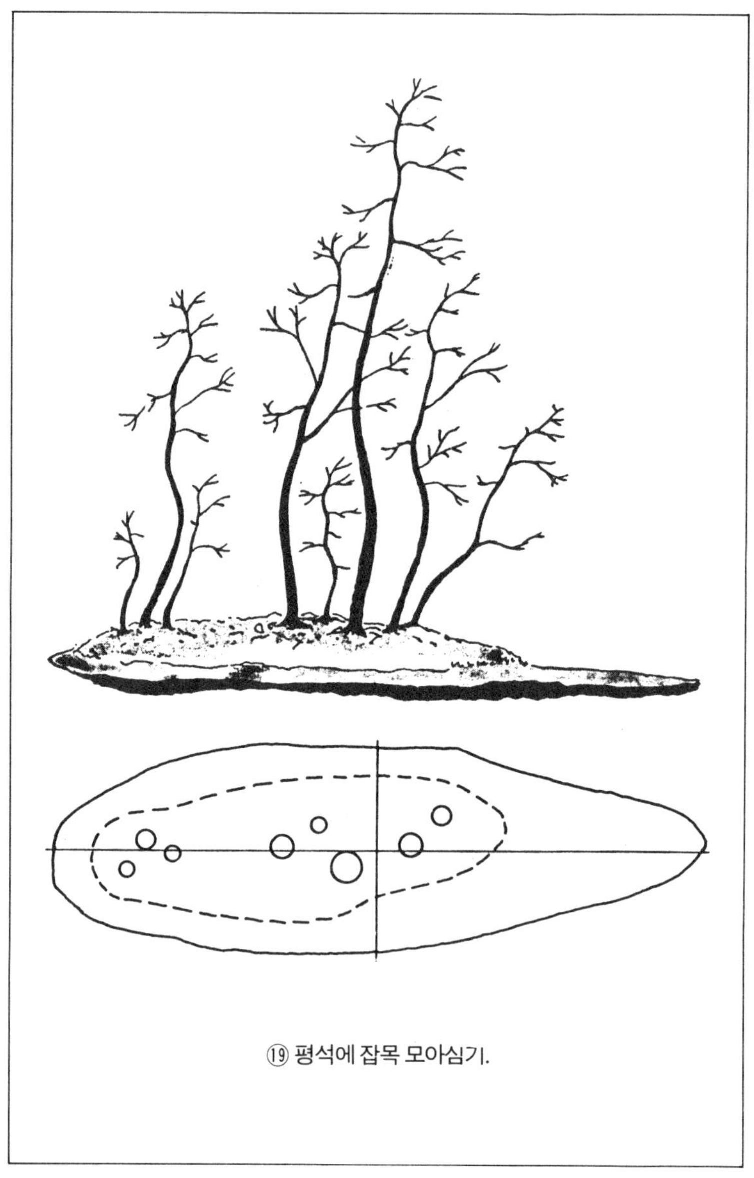

⑲ 평석에 잡목 모아심기.

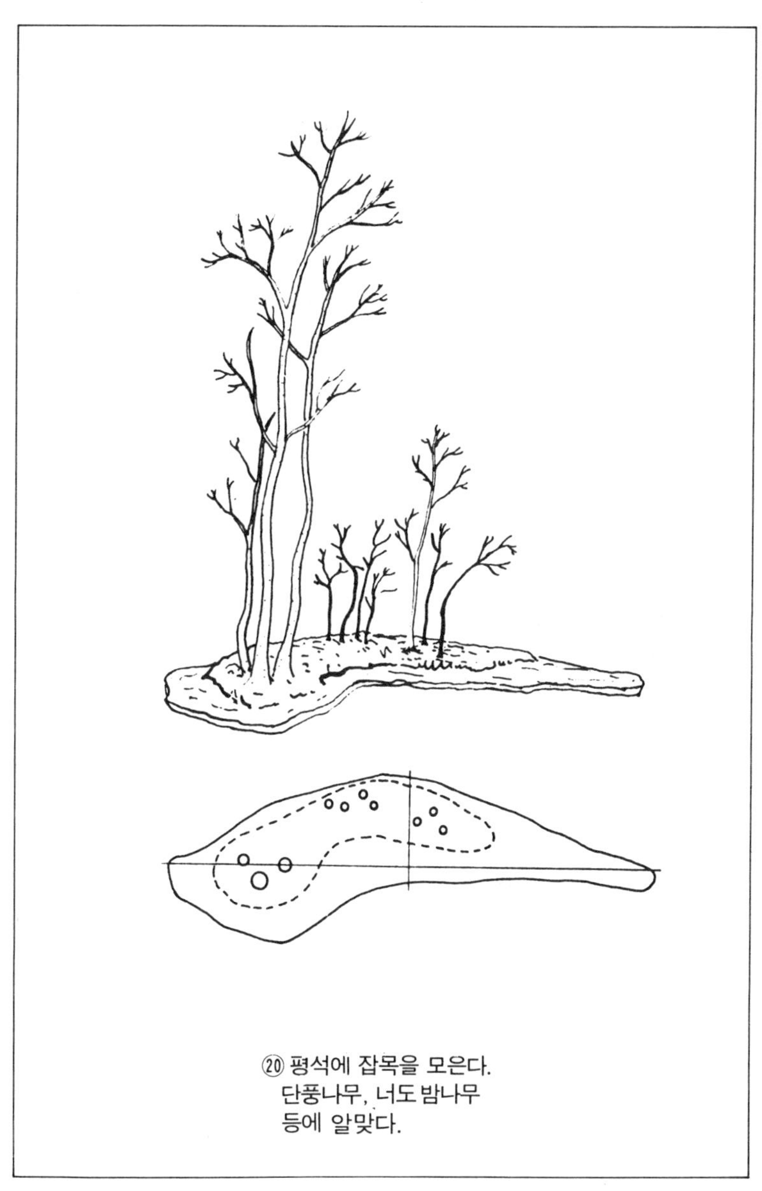

⑳ 평석에 잡목을 모은다.
단풍나무, 너도 밤나무
등에 알맞다.

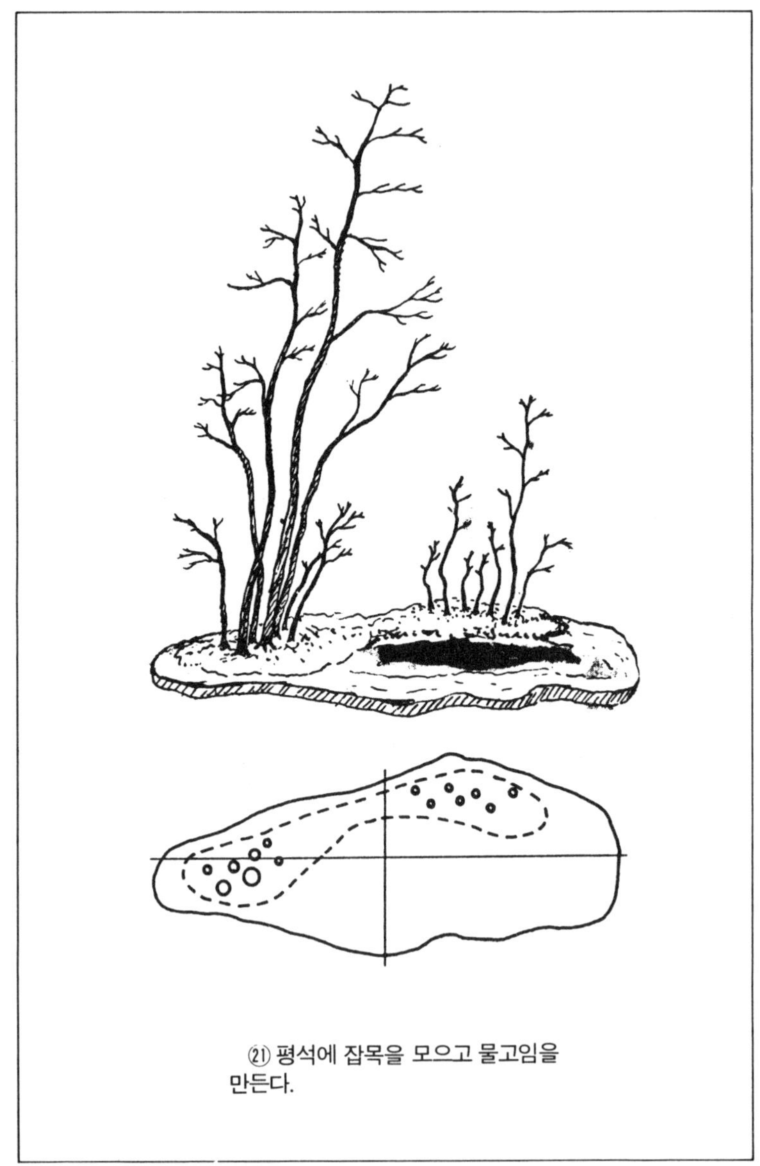

㉑ 평석에 잡목을 모으고 물고임을 만든다.

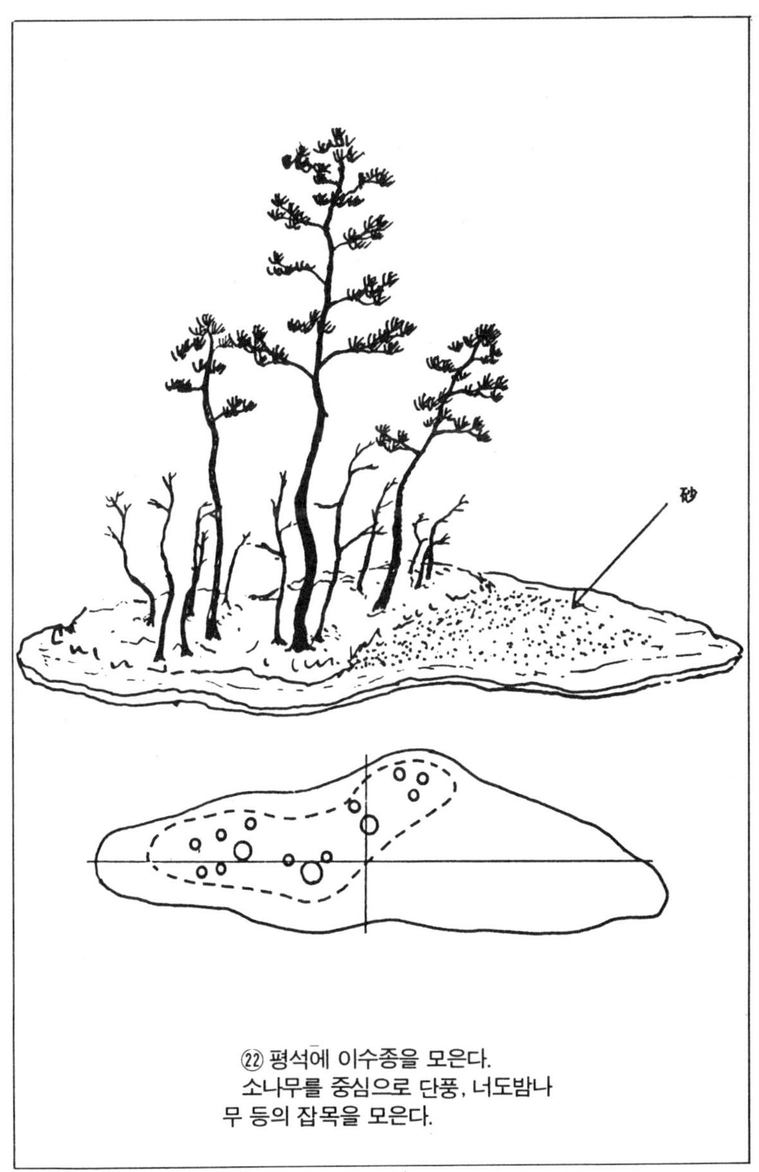

㉒ 평석에 이수종을 모은다.
소나무를 중심으로 단풍, 너도밤나무 등의 잡목을 모은다.

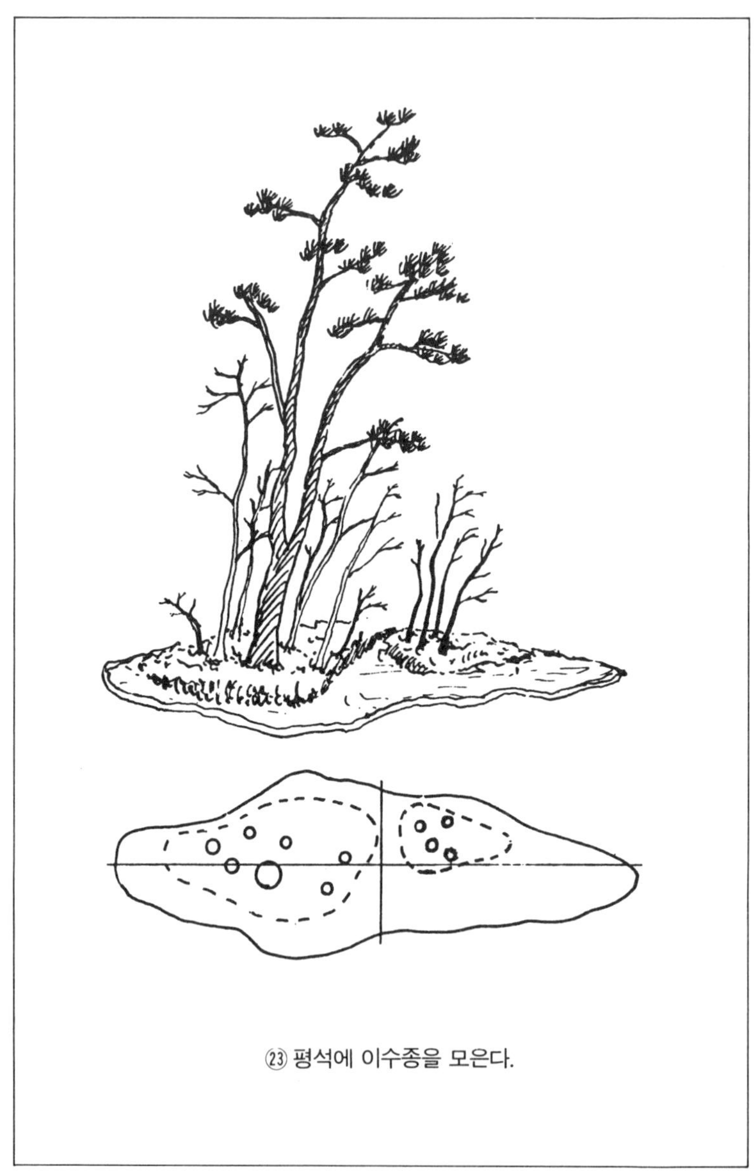

㉓ 평석에 이수종을 모은다.

돌끼움 분재
만드는 법의 비결 13포인트

초보자가 돌끼움 분재를 만들 때 이것만은 알아 두었으면 하는 기초 지식과 만드는 법의 비결을 정리해 보았다.

(1) 횡근이 있는 소재를 선택할 것

돌끼움은 돌에 나무를 심는 것이므로 어떤 수종이라도 좋지만 돌이 있는 두께 1~2㎝ 용토 위에 심어 넣으므로 가지 아래에 나와 있는 대근 뿐인 나무는 소재로써 적합하지 않다.

길고 가는 뿌리가 많이 있는 것이나 사방에서 옆으로 뻗어 있는 뿌리가 있는 것이 심어 넣기 쉽고 소재로서도 좋은 것이다.

그런 의미에서 말하자면 꺾꽂이나 취목으로 얻은 소재 등이 돌끼움에는 적합하다.

(2) 나무가 익숙한 돌을 사용할 것

돌끼움에 이용할 돌은 유석과 같이 경질이고 표면이 반들 반들한 것은 나무가 심어지기 어렵고 물을 주어도 물의 흡수력이 나쁘므로 나무가 익숙해지지 않는다.

반대로 석질이 지나치게 부드러우면 뿌리가 뻗는 힘에 의해 돌이 깨지는 경우가 있으므로 돌끼움에는 적합하지 않다.

돌끼움에 적합한 돌은 지나치게 딱딱하지 않고 지나치게 부드럽지 않은 석질로 돌 표면이 올록볼록한 것이 좋은 것이다.

올록볼록이 있으면 돌에 각각 변화가 있고 경치도 만들어 지고 나무를 심어 넣기 쉽고 물을 주어도 물을 잘 간직해 주어 나무도 돌도 익숙해진다.

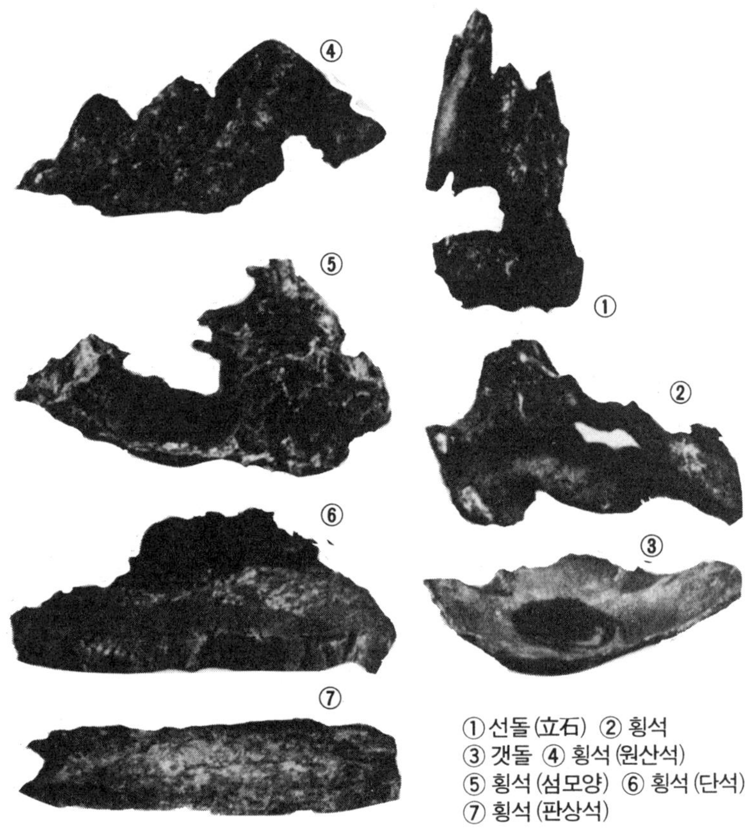

①선돌(立石) ②횡석
③갯돌 ④횡석(원산석)
⑤횡석(섬모양) ⑥횡석(단석)
⑦횡석(판상석)

(3) 기복이 많고 앉음이 좋은 돌을 사용할 것

표면에 변화가 많은 돌을 사용하는 편이 경치에 폭을 만들기 쉽다.

돌은 크게 분류하면 종으로 긴 선돌과 횡으로 긴 횡석으로 나눌 수 있다. 용석, 원산석, 단석, 도형석, 괴석, 판상석 등. 또 생물의 모양을 닮은 돌을 특히 자석이라고 부르는 사람도 있다.

돌끼움에 사용하는 경우 형과 함께 중요한 조건은 앉은 느낌이 좋은 안정감이 있는 돌을 선택하는 것이다. 모양이 좋아도 앉은 느낌이 나쁘면 별일도 없이 쓰러지고 가지가 꺾일 우려가 있다.

(4) 수수한 색에 운반이 편한 돌을 사용할 것

돌끼움 분재는 돌과 나무가 조화를 이룸으로써 하나의 미를 만들어 내는 것이므로 돌이 빨강 파랑 노랑과 같은 선명한 색깔이면 돌만 눈에 띄게 된다.

나무의 색을 생각하면 회색 갈색 검정색 등과 같은 수수한 색이 분재로서 안정감을 줄 것이다.

원예점에서는 이름 있는 돌들이 팔리고 있으나 그런 것들만이 분재로 쓰일 수 있는 것은 아니다. 이름도 없는 강가의 돌이라도 모양이 재미있고 멋이 있는 것이라면 훌륭한 돌끼움 분재의 돌로서 사용할 수 있다.

(5) 돌끼움은 봄에 만드는 것이 안전

돌끼움을 만들 시기는 봄 3～4월과 가을 9～10월 2회이다.

초보자들에게는 봄의 돌끼움을 권하고 싶다. 이 시기는 나무가 활동기에 들어가기 때문이다. 마음껏 가지나 뿌리를 잘라도 회복이 빠르고 용이하게 발근, 발아함으로 수세가 붙어 안심이다.

가을에 만들면 새로운 뿌리가 뻗기도 전에 휴면기가 되고 추운 겨울이 찾아옴으로 보호해 줄 필요성이 생긴다.

(6) 고정 철사는 돌에 단단히 붙여 둘 것

돌끼움을 만들 때는 나무를 심어넣기 전에 돌 심을 위치에 철사를 붙여 둔다. 이 철사는 나무를 고정시킴과 동시에 뿌리가 돌 구멍 속에 뻗을 때까지 용토가 돌에서 벗겨지지 않도록 지탱해 주는 역할을 함으로 돌에 단단히 붙여 두어야 한다.

철사를 돌에 붙이는 데는 2가지 방법이 있다.

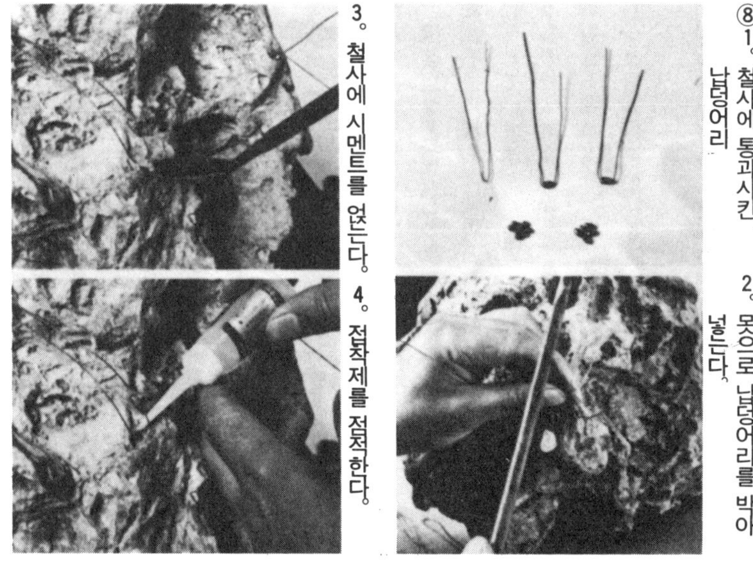

⑧ 1. 철사에 통과시킨 납덩어리 2. 못으로 납덩어리를 박아 넣는다. 3. 철사에 시멘트를 얹는다. 4. 접착제를 점적한다.

한가지는 사진 ⑧과 같이 낚시의 추로 사용하는 납덩어리에 철사를 통과시키고 그 납덩어리를 돌 구멍에 끝이 둥근 못으로 박아 넣는 방법이다.

또 한가지 방법은 적당한 구멍이 없을 때에 실시한다. 돌에 철사를 두르고 위에 시멘트를 조금 얹고 거기에 순간 접착제를 2-3방울 떨어뜨려 철사를 돌에 붙인다.

(7) 나무의 생육을 생각하여 심을 위치를 결정할 것

돌끼움 분재는 나무를 심었으면 10년-20년이라는 오랜 세월 다시 심기를 하지 않고 배양해 간다.

돌의 크기는 변함이 없으나 나무는 해마다 커간다. 특히 어린 나무는 생육이 왕성하다.

돌에 나무를 심을 때는 나무의 장래 모습을 머릿속에 그려 심을

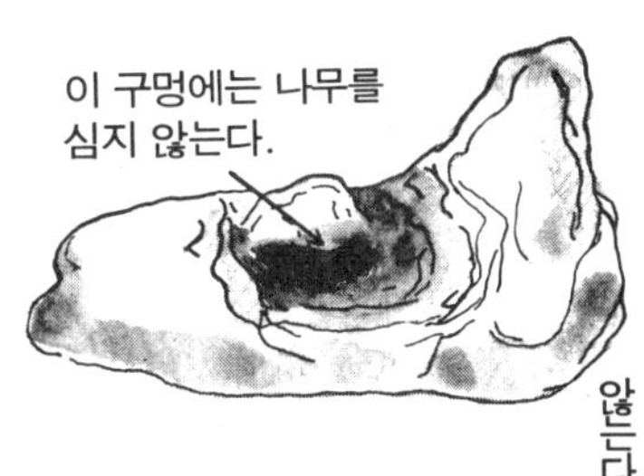

⑨ 돌 구멍에 나무를 심어넣지 않는다.

⑩ 돌끼움의 용토

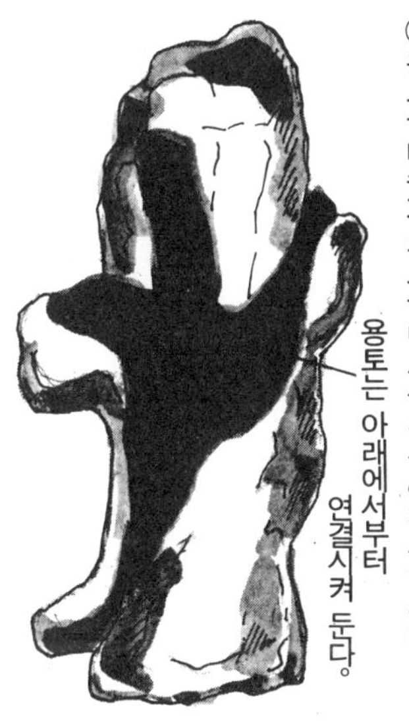

⑪ 용토는 배수가 되도록 반드시 전부 연결시켜 둔다.

위치를 정하는 것이 중요하다.

(8) 돌의 예술을 살리도록 할 것

분재계에서는 돌 살결에 기복이 있는 것 중에서 올록볼록하여 자연의 풍치를 나타내고 있는 부분을 '돌의 예술'이라고 하고 있다.

그러므로 돌의 예술이 가장 잘 보이는 위치를 그 돌의 정면으로 정하고 있다.

돌끼움 분재를 만들 때는 돌의 예술부분에 나무를 끼워 넣거나 가지나 뿌리도 예술을 가리지 않도록 주의해야 한다.

(9) 배수가 나쁜 곳에 나무를 심지 않을 것

돌에 구멍이 있어 나무를 심기 쉬운 곳이라도 배수가 나쁜 곳이면 나무 심기를 피해야 한다. 일년 내내 물이 고여 있게 됨으로 새로운 공기가 들어가지 않아 뿌리가 썩어 버려 나무가 약해지는 경우가 자주 있다.

⑽ 용토는 적토를 사용할 것

돌끼움의 용토에는 적토를 주로 한 것을 사용한다.

적토는 습지나 늪지에 자란 풀이나 갈대가 오랜 세월 동안에 썩어 흙 속에 묻혀 흙과 같이 된 것으로 습기를 가져 좋은 흙이다.

돌끼움에 사용할 때는 적토 7에 적옥토 2, 동생사 1 정도의 비율로 섞은 것을 물을 조금 가하여 잘 반죽한다. 점성이 생기면 사진 ⑩과 같이 둥굴게 만들어 둔다.

⑾ 용토는 반드시 연결시켜 둘 것

돌 여기 저기에 나무를 심는다 해도 용토는 반드시 연결되도록 해 둔다.

부분 부분에 용토가 독립되어 있으면 물마름이 균일하지 않아 물주기 등의 관리에 신경이 쓰인다.

⑿ 미리 하초를 만들어 둘 것

돌끼움 분재에서는 경치의 깊이가 원근감을 나타내기 위해 하초가 필요하게 된다.

돌끼움을 만들 때가 되어 하초를 찾아도 마음 먹은 것이 손에 들어 오지 않을 때가 있으므로 평소부터 만들어 두는 것이 분재 만들기에 있어서 중요한 것이다.

⒀ 이끼를 준비해 둘 것

이끼는 용토의 표면을 덮어 흙의 건조를 방지하고 비나 물줄기 등에서 표토가 유실되지 않도록 보호하는 것과 동시에 관상수 시대의 흐름을 느끼게 해 준다.

돌끼움의 실제

*돌끼움의 종류

돌끼움에는 돌에 나무를 심는 것과 뿌리가 돌을 안듯이 하고 뿌리 끝은 화분 속에 심어지는 것이 있다.

돌에 나무가 심어지는 것을 일반적으로 돌끼움이라고 하는데 여기에는 선돌이나 횡석의 오목한 곳에 나무를 심는 것과 안마석과 같은 판 모양의 돌에 몇 그루인가의 나무를 모아 심는 것이 있다.

뿌리가 돌을 안듯이 하고 있는 것은 돌안기라고 불리우는 것도 있다.

*돌끼움을 만드는데 필요한 도구

돌끼움을 만들기 위해 사용하는 도구로서는 다음과 같은 것이 있다.

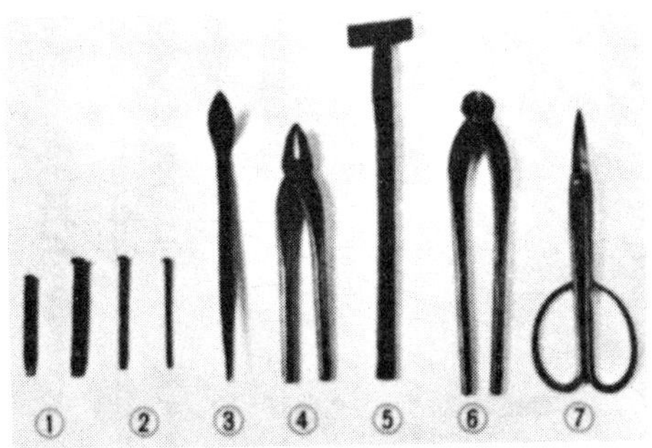

① 강철끈=돌의 결점을 고치거나 오목한 부분을 만들 때에 사용한다. ② 끝을 둥글게 한 못=납덩어리를 박아 넣을 때 사용한다. ② 핀셋 ④ 집게 ⑤ 쇠망치 ⑥ 철사끊기 ⑦ 가위

그 외에 철사나 납덩어리 접착제가 필요하다.

• 송백류의 돌끼움
—오엽송을 예로 하여

돌, 나무, 하초, 이끼를 준비한다 돌끼움은 돌에 나무를 심는 것에 의해 돌과 나무가 일체가 되어 하나의 풍경을 만들어 내는 것이므로 돌과 나무는 조화 있게 준비한다.

① 횡석
② 취목 5년생의 오엽송

사진의 돌은 횡석으로 용안석이다. 돌 표면에 올록 볼록한 곳이 있고 앉음도 좋으므로 돌끼움에 적합하다. 이 돌에는 염산으로 인공적으로 가공한 곳이 있으므로 산을 중화시키기 위해 구입 후 1년 정도 밖에 놓아 두고 비바람을 맞게 하였다.

나무는 5년생의 오엽송이다. 하지가 없는 고고의 나무를 상부에서 잡아 다듬은 것이다. 돌과 나무만으로는 경치에 폭이 만들어지지 않으므로 하초나 이끼를 준비해 둔다.

사진의 하초는 3년 정도 전에 정자 때 불필요해진 가지 끝을 꺾꽂이로 하여 작은 화분에 심어두었던 것이다.

나무를 고정하기 위한 철사를 돌에 고정시킨다 돌의 어느 위치에 나무를 심을 것인지 결정하고 그 곳에다 나무를 고정하기 위한 철사를 붙인다.

③ 하초
④ 이끼

철사를 붙일 때는 철사를 통과시킨 납덩어리를 돌 오목한 곳에 끝을 둥글게 한 못을 사용하여 박아 넣는다.

철사는 작업 중에 빠지거나 하지 않도록 단단히 고정시킨다.

적당한 위치에 오목한 곳이 없을 때에는 강철끌로 돌을 깨고 납덩어리를 묻을 수 있을 정도의 오목한 곳을 만들도록 한다.

돌의 모습을 고친다 돌끼움 분재는 나무 뿐만이 아니고 돌의 모습·모양도 관상상 중요한 역할을 함으로 결점이 있는 곳은 고쳐 둔다.

돌을 정자(整姿)할 때는 강철끌로 조금씩 부셔 간다.

나무를 화분에서 빼어 뿌리를 푼다 화분에서 나무를 뺐으면 주위의 뿌리에서부터 젓가락으로 조심스럽게 풀고 근토를 가능한 제거하도록 한다.

이 나무는 사방에 뿌리가 뻗어 나옴으로 돌끼움에는 최적의 나무이다.

심을 위치를 정한다 나무를 돌에 붙이고 심을 위치를 정한다.

이 때 주의할 것은 자태에만 얽매이면 가지나 뿌리에 돌의 예가 가려질 우려가 있다는 것이다.

심을 위치를 정할 때는 눈을 돌에서 조금 떼고 전체를 보며 나무, 돌과 함께 가장 아름다운 모습을 나타내려 한다.

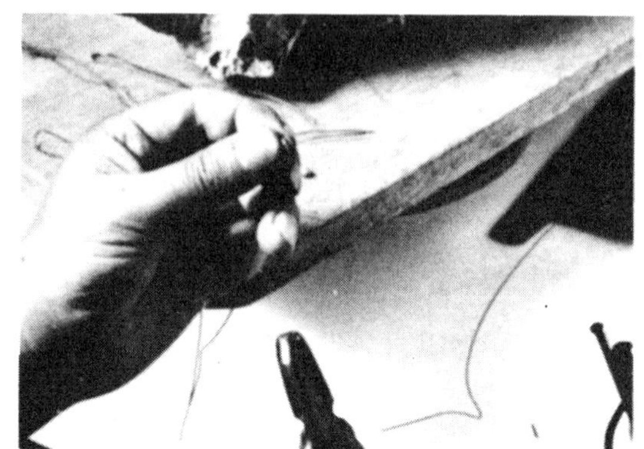

⑤ 납덩어리에 철사를 통과 시킨다.
⑥ 돌 오목한 곳에 납덩어리를 박아 넣는다.
⑦ 강철끌로 오목한 곳을 만든다.

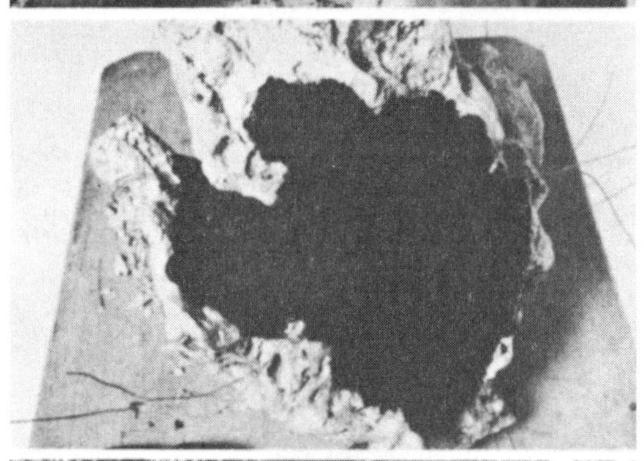

용토를 돌에 붙인다

적옥토 2, 동생사 1 정도를 섞어 물을 가하여 잘 반죽한 용토를 돌에 1~2 ㎝ 두께로 붙여 둔다.

용토는 나무나 화초를 심을 부분에 독립시켜 붙이는 것이 아니고 아래에서부터 용토 전체가 연결되도록 한다.

부분부분이 독립되어 있으면 마름이 균일하지 않아 물주기에 신경을 써야 한다.

⑧ 강철끌을 사용하여 돌의 모양을 정리한다.
⑨ 돌이 얇은 곳은 집게로 쫀다.
⑩ 돌을 쫀 곳.

나무를 심는다

용토를 붙인 곳에 나무를 심고 뿌리 사이에 용토가 닿도록 뿌리 위에서부터 용토를 바르듯이 하여 나무를 심는다.

심기가 끝나면 돌에 붙여 둔 철사로 나무를 묶어 단단히 고정 시킨다.

⑪ 뿌리를 푼다.
⑫ 취목의 나무는 횡근이 많이 나와 있다.
⑬ 심을 위치를 정한다.

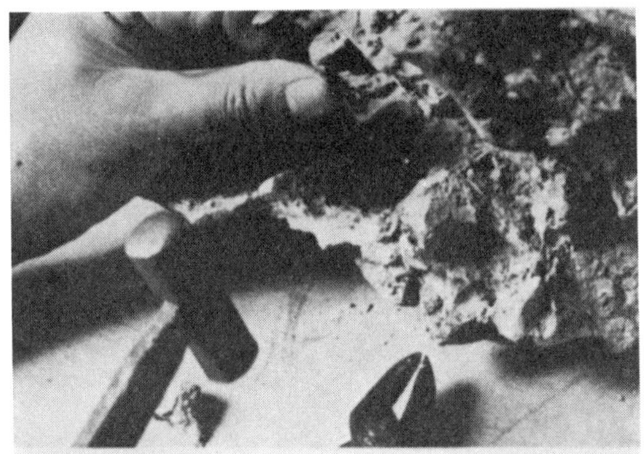

하초를 심는다

준비해 둔 하초를 화분에서 빼어 뿌리를 푼다.

하초도 뿌리 위는 가능한 털어 심어 넣고 철사로 고정한다.

나무를 고정시킨 철사의 여분은 그림 ㉑과 같이 서로 연결하여 용토를 누른다.

돌끼움에서는 돌에 붙인 철사는 나무를 고정시킴과 동시에 용토가 돌에서 벗겨지지 않도록 눌러주는 역할도 하고 있다.

⑭ 용토를 붙인다.
⑮ 용토는 연결되도록 한다.
⑯ 나무를 심는다.

전체의 밸런스를 생각하여 정자한다

나무나 하초의 심기가 끝났으면 전체를 보고 조화를 깨는 지나치게 뻗은 가지는 잘라주고 강한 가지는 뿌리에서 부터 정리한다.

송백류의 가지를 정리할 때는 뿌리에서 부터 잘라주면 자른 곳이 부풀어 올라 보기 흉하게 됨으로 껍질을 남겨 둔다.

내과피를 벗기는 방법은 앞 페이지를 참조하기 바란다.

⑰ 나무를 고정 한다.
⑱ 나무를 심은 때.
⑲ 하초의 뿌리를 푼다.

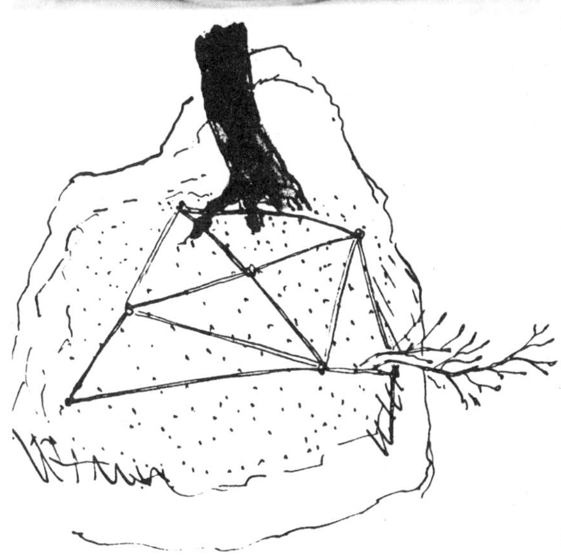

이끼를 깐다 심기 정자가 끝났으면 용토의 표면 전체에 이끼를 깐다.

이끼는 물주기 때 용토가 흘러 나가지 않도록 하는 역할과 용토의 건조를 막아 뿌리를 보호하는 작용이 있다.

깐 이끼가 벗겨지지 않도록 헤어핀과 같이 구부러진 철사를 이끼 위에서 부터 눌러 찔러 둔다.

이끼를 다 깔았으면 충분히 물을 주어 돌끼움을 완료한다.

⑳ 화초를 심은 때.
㉑ 나무를 고정시키고 여분의 철사는 망상으로 연결시켜 둔다.

완료 파도치는 해안의 암벽을 표현해 보았다.

이 돌끼움은 경치로서는 일단 완성되었다고 생각한다.

앞으로 배양해 가는 중에 나무의 결을 다듬고 적절한 정지를 해 주면 가지에도 우아한 맛이 날 것이다.

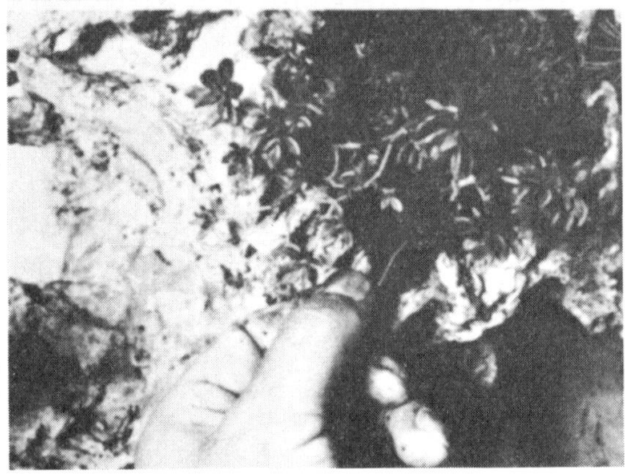

㉒ 지나치게 강한 가지는 잘라 떨어뜨리지 말고 내과피를 벗겨 남긴다.

㉓ 핀 모양의 철사로 이끼를 누른다.

나무의 높이도 이 보다 높아지지 않도록 뻗어 가면 다시 세우도록 한다.

돌끼움에서는 용토 표면 전체에 이끼를 깔므로 미리 상당량의 이끼를 준비해 둘 필요가 있다.

이끼로서는 돌담 등에 끼어 있는 푸른이끼가 적합한데 푸른 이끼만으로 필요량을 채울 수 없을 때는 여러종류의 이끼를 이용해도 된다.

㉔ 완료된 때

까는 방법은 이끼의 끝이 용토에 밀착하도록 이끼 주위를 핀셋이나 젓가락으로 어루만지듯이 위에서부터 눌러 용토에 밀착시켜 적토에 융합되도록 한다.

하초로서 돌에 심어 넣은 것은 5월에는 꽃을 피우므로 꽃이 지면 꽃을 치우고 뻗은 싹이나 불필요한 가지를 뿌리에서부터 빼어 돌끼움 전체의 조화를 깨지 않도록 정지한다.

• 잡목류의 돌끼움
단풍나무를 예로 하여

나무, 돌을 준비한다

돌끼움은 돌과 나무의 조합에 의해 자연의 경치를 만들어 내는 것이므로 나무와 돌이 잘 조화되어야 한다.

① 꺾꽂이 5년생의 단풍나무

초보자가 돌끼움을 만들려고 생각한 때 돌과 나무 양자가 동시에 손에 있는 경우는 적다.

현실은 돌이 손에 있고 그 돌에 맞는 나무를 찾거나 반대로 나무가 있어서 돌을 찾는 것이 보통이다.

돌끼움을 만들고 싶다는 한 마음으로 그저 얻어지는 소재로 참고 하거나 하면 완성된 분재에 언제나 불만을 갖게 된다.

돌끼움의 소재를 선택할 때는 성급하게 굴지 말고 일년을 들여 찾는다는 정신적 여유를 가지는 것도 좋은 분재를 만들기 위해서는 중요한 것이다.

사진의 나무는 꺾꽂이에서 얻은 5년생의 단풍나무이다. 작은 가지도 만들어졌고 사진과 같은 돌이 손에 들어와 돌끼움을 만들기로 했다.

심을 위치를 생각하고 철사를 붙일 위치를 정한다 돌 맨 가운데에 있는 오목한 곳이 이 괴돌의 아름다움이므로 이 아름다움을 살려 나무를 심기로 했다.

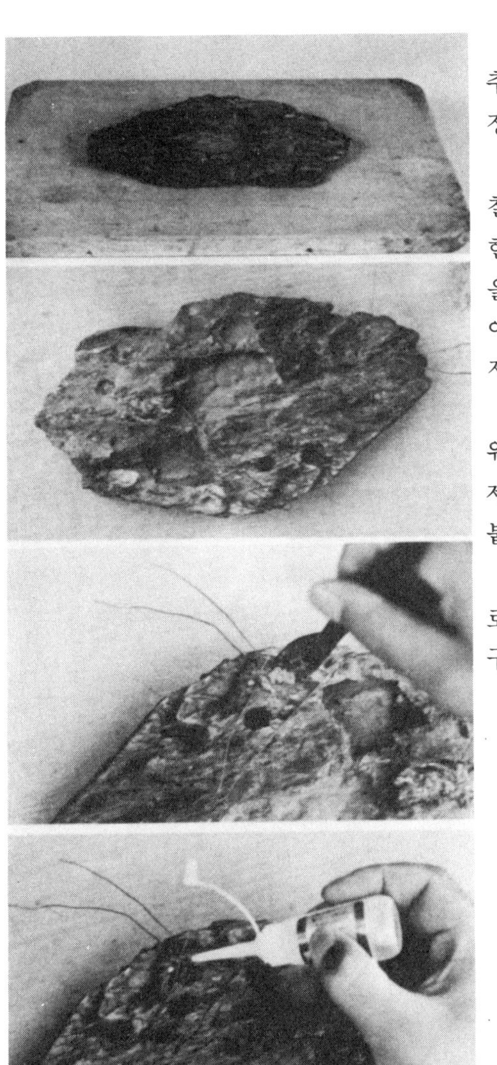

나무를 심을 위치에 맞추어 철사를 붙일 곳을 정한다.

철사를 돌에 붙인다

철사를 고정 시키기 위한 납 덩어리를 박아 넣을 정도의 오목한 부분이 없으므로 순간 접착제를 바르기로 했다.

돌에 철사를 붙이고 그 위에 시멘트를 얹고 접착제를 흔들면 2, 3초로 붙는다.

접착제는 석공예용으로 시판되고 있는 것을 구하여 쓰면 될 것이다.

② 괸돌
③ 철사를 붙일 위치를 정한다.
④ 철사에 시멘트를 얹는다.
⑤ 접착제를 점적한다.

뿌리를 정리한다 화분에서 나무를 뺐으면 주위의 뿌리에서 부터 젓가락으로 정성스럽게 푼다.

돌끼움을 할 때는 용토가 바뀜으로 고토는 가능한 털어내도록 한다.

주위의 뿌리를 털었으면 가지 아래의 흙도 털어내도록 한다.

근토를 털어 냈으면 뿌리를 전체의 2/3 정도 자른다. 주위 뿌리만이 아니고 하근도 평평하게 되도록 자른다.

⑩ 대강 정리를 한다.
⑪ 심을 위치를 정한다.
⑫ 돌에 용토를 바른다.

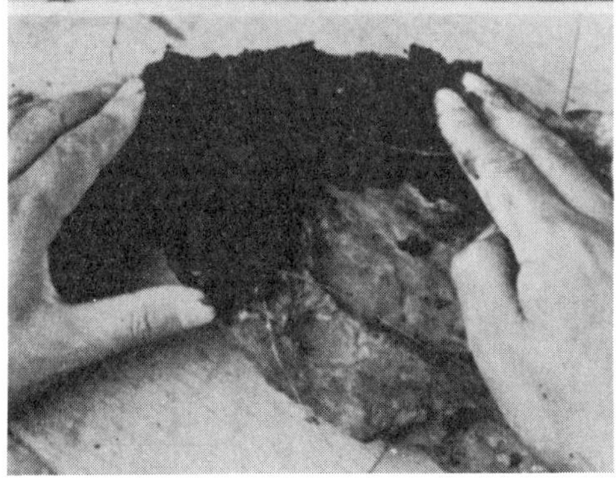

대강 정리를 한다 뿌리의 정리가 끝났으면 가지 쪽도 정리한다. 지나치게 뻗은 가지 끝은 싹이 있는 곳에서 자른다.

지나치게 뻗은 가지나 불필요한 가지는 뿌리에서부터 잘라 둔다.

심을 위치를 정한다. 돌에 나무를 붙이고 심을 위치를 정한다.

3 그루의 나무를 돌에 심는 것이므로 모아 심기의 배식 요령으로 심는다. 변 길이가 다른 삼각형을 기본으로 가지가 겹치지 않도록 심을 위치를 정한다.

⑥ 뿌리를 젓가락으로주위에서부터 푼다.
⑦ 뿌리 아래의 흙도 떨어뜨려 둔다.
⑧ 주위의 뿌리를 정리한다.
⑨ 하근을 잘라 길이를 같이 한다.

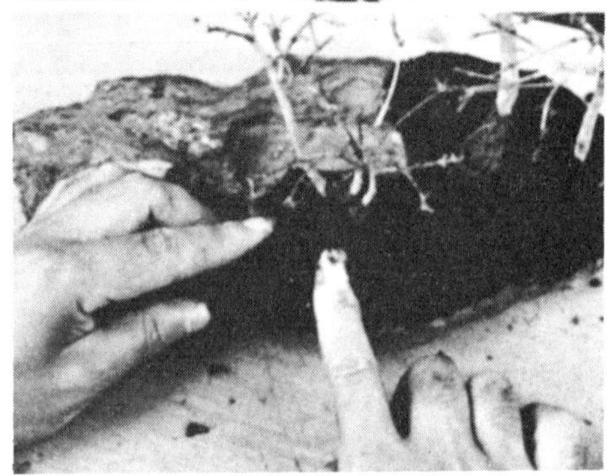

용토를 붙인다 돌에 용토를 붙인다.

이 경우는 평석 위에 붙이므로 용토를 올록볼록하게 하여 자연의 기복을 만들려고 했다.

나무를 심고 철사로 고정한다 용토 위에 나무를 비벼 넣듯이 하여 심고 뿌리 아래에 용토가 충분히 들어 가도록 한다.

심었으면 돌에 붙인 철사를 망처럼 엮어 나무를 단단히 고정한다.

뿌리 위에서 부터 용토를 바른다 뿌리 위에서부터 바른다.

용토는 뿌리나 돌과의 경계에 공간이 생기지 않도록 손가락으로 잘 누른다.

⑬ 나무를 심어 넣는다.
⑭ 나무를 고정시킨다.
⑮ 뿌리 위에서부터 용토를 붙인다.

⑯ 돌 주위에 물을 부어 장식한 것.

용토의 표면에 이끼를 깐다 용토의 건조와 물주기가 비 능에 의한 유출을 막기 위해 이끼를 표면에 깐다.

이끼를 깔 때는 이끼 주위를 손가락으로 잘 누르고 벗겨지지 않도록 해 둔다.

완료 이끼를 다 깔았으면 충분히 물을 주면 돌끼움 작업은 완료된다.

괴석이므로 돌에 물을 부어 장식해 보았다.

연못 끝에서 부터 언덕이 펼쳐지고 거기에 단풍나무가 가지를 산재하고 있는 듯한 경치이다.

현 단계에서는 아직 작은 가지가 부족하지만 앞으로 싹이나 잎이나 작은 가지가 늘어 나면 주목과 오른쪽 뒤의 세 그루 사이에 보다 원근감이 생겨 경치가 보다 커질 것이다.

돌 위에 세 그루의 단풍나무를 모은 돌끼움이므로 물을 줄 때는각 나무에 충분히 물이 가도록 머리에서부터 듬뿍 주도록 한다.

• 돌안기를 만든다
단풍나무를 예로 하여

나무, 돌, 화분을 준비한다 돌안기는 바위 위에 싹이 난 나무가 생장하여 뿌리를 대지에 내려감에 따라 뿌리가 풍우에 씻겨 노출되고 바위를 안고 있는 모습을 화분 위에 나타내는 것이다. 분재로서는 나무 뿐만이 아니고 돌도 화분도 관상된다.

① 취목의 단풍나무

따라서 돌안기의 소재는 나무, 돌,화분 세 가지가 일체가 되어 조화를 이루는 것을 선택하도록 해야 한다.

사진의 나무는 취목 후 3년 째인 단풍나무이다. 돌은 도형석이다. 화분은 나무 표피와 돌색을 생각하여 진흙의 둥근 접시를 준비했다.

돌 심을 위치를 정한다 화분은 심어 넣기가 가능하도록 화분 구멍을 망으로 씌우고 돌을 움직였을 때 망이 움직이지 않도록 철사로 고정시켜 둔다.

심어 넣기의 기준이 되는 화분 위에 돌을 두고 돌 심을 위치를 정하는 것과 함께 다시 한번 돌과 화분의 조화를 본다.

뿌리 풀기, 심을 위치 정한다 나무를 화분에서 빼어 주위 뿌리에서부터 정성스럽게 푼다.

돌안기에서는 뿌리가 돌을 안으므로 길고 가는 뿌리가 중요하다. 그러므로 뿌리 끝은 자르지 않고 고토만을 털어뜨려 둔다.

이 나무는 취목이므로 굵은 뿌리가 적고 많은 횡근이 나 있다.

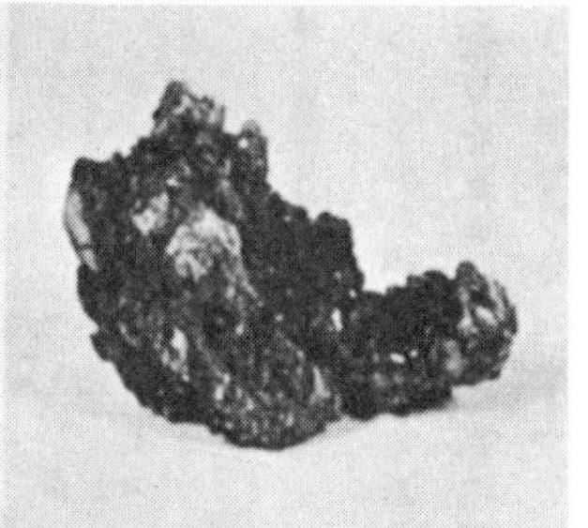

②도형석
③진흙으로 만든 둥근 접시.
④화분과 돌의 조화를 본다.
⑤뿌리 풀기를 한 때.

돌에 나무들 붙여 심을 위치를 정한다. 돌 가까이 심으므로 나무 앉는 위치가 좋아야 한다.

굵은 뿌리는 정리한다 굵은 뿌리는 본질이 단단해져 있으므로 돌에 붙여도 잘 휘지 않으므로 뿌리에서부터 잘라 둔다.

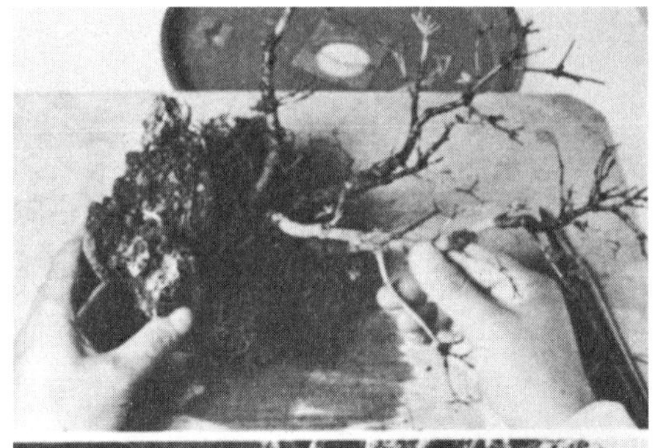

뿌리 배치를 한다 뿌리를 돌갈라진 곳이나 오목한 곳에 붙도록 뿌리 배치를 한다.

끈으로 뿌리를 누른다. 뿌리 배치를 한 뿌리가 돌과 밀착되도록 마로 된 끈으로뿌리를 누른다. 마끈은 망으로 묶어뿌리가 위로 나가지 않도록 한다.

⑥ 심을 위치를 정한다.
⑦ 굵은 뿌리는 정리한다.
⑧ 돌의 오목한 곳이나 갈라진 틈에 뿌리를 붙인다.

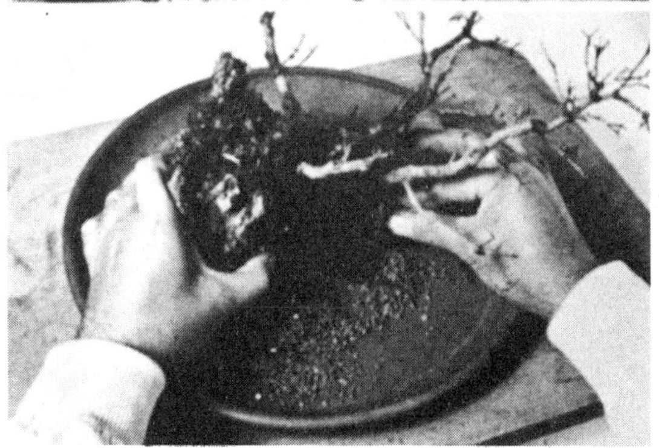

적토를 뿌리 위에서부터 바른다 돌 갈라진 틈이나 오목한 곳에 뿌리가 딱 밀착되도록 눌렀으면 뿌리가 외기에 노출되지 않도록 뿌리 위에서부터 적토를 발라 둔다.

돌을 심는다 화분 바닥에 작은알갱이의 적옥토를 얇게 깔고 그 위에 돌을 심는다.

돌을 심을 때는 돌 밖에 뻗어 있는 뿌리 끝이 돌 아래에 오도록 한다.

⑨ 미끈으로 뿌리를 누른다.
⑩ 뿌리 위에 적옥토를 바른다.
⑪ 돌을 심는다.

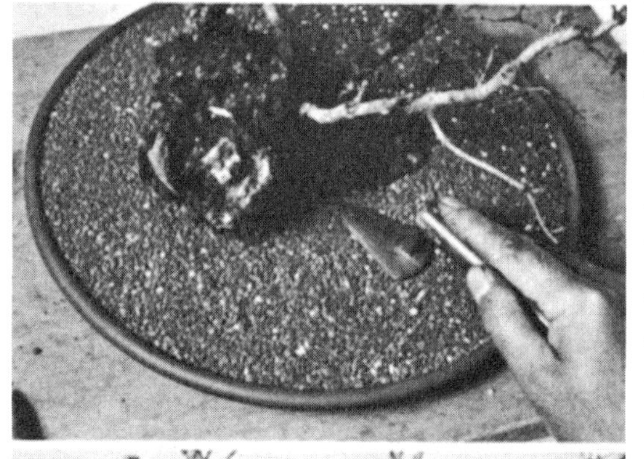

용토를 넣는다

돌을 심었으면 그 위에서부터 용토를 넣고 젓가락으로 찔러 뿌리 구석구석까지 용토가 닿도록 한다.

용토를 누른다

용토를 넣었으면 인두로 표면을 눌러 흙을 안정시킨다.

돌에 붙인 적토도 손가락으로 눌러 뿌리를 안정시킴과 동시에 적옥토도 융화시킨다.

용토를 눌렀으면 물주기나 비 등으로 용토가 흘러나가지 않도록 화장토를 넣어 둔다.

⑫ 젓가락으로 뿌리 구석구석 용토를 넣는다.
⑬ 인두로 용토를 누른다.
⑭ 적토를 손가락으로 눌러 둔다.

⑮ 완료된 것

마지막으로 화분 바닥에서 깨끗한 물이 흘러 나올 때까지 충분히 물을 준다.

완료 호수에 떠있는 단풍나무 섬의 풍경을 만들었다.

현재는 가지가 넷이지만 아직 어린 나무이므로 싹이 뿌리에서부터 나올 것이라고 생각한다. 싹이 나오면 그것을 가지로 만들 생각이다.

다음 해부터 표토를 조금씩 풀고 뿌리를 내어 갈 생각이다.

뿌리의 발육이 좋은 단풍나무이므로 3—4 년이면 잔 뿌리가 유합되어 굵은 뿌리가 되고 노출된 뿌리가 단단히 돌을 안고 있는 모습이 될 것이라고 생각한다.

돌안기로 뿌리 끝은 화분 속에서 생육하고 있으므로 2—3 년만에 다시 심기를 한다. 다시 심기를 게을리 하면 화분 속 가득히 뿌리가 뻗어 물을 주어도 물이 통과하지 않게 되어 나무가 약해진다.

다시 심기를 할 때는 화분에서 돌과 나무를 빼고 지나치게 뻗은 뿌리를 자르고 새로운 용토에 심어 넣도록 한다.

돌끼움 분재

관리 포인트

*둘 곳

만든 직후에는 돌끼움을 만들었으면 그대로 선반 위에 둔다.

뿌리를 자른 나무는 가능한 빨리 상처를 회복 발근하도록 할 필요가 있다. 그러기 위해서는 뿌리를 어느 정도 따뜻하게 해 주어야 한다.

자주 돌끼움은 나무 생육에 좋다고 일컬어지는데 그것은 봄에 태양의 복사열로 돌이 따뜻해져 흙 속의 뿌리 발육에 알맞은 온도를 주기 때문이다.

따라서 돌끼움을 만들었으면 곧 선반 위에 내놓고 충분히 일광이 닿도록 해 준다.

여름에 둘 장소는 돌끼움이라고 해서 특별히 보호할 필요는 없다.

보통 분재와 같이 햇볕과 통풍이 좋은 곳에 둔다.

비닐 하우스와 같이 빛 반사가 강한 곳에서 배양하고 있을 때는 한여름철만은 햇빛을 피해 둔다.

겨울에 둘 장소는 나무는 겨울이라도 밖에 두어 한기를 쏘이는 편이 알찬 나무의 모습을 만들게 하고 봄에 아름다운 싹을 돋게 한다.

다만 동기에 몇날 며칠 계속 꽁꽁 어는 지방에서는 보호실이나 온실에 넣어 두도록 한다.

용토와 돌과는 수축률이 다름으로 몇날 며칠 얼면 용토와 흙 사이에 틈이 생기는 경우가 있다.

* 물주기

물주기의 기준 분재에서는 용토가 희게 건조되면 물을 주라는 것이 물주기의 기준이다. 그러나 돌끼움 분재에서는 표토가 이끼로 덮혀 있기 때문에 건조함을 초보자가 알기는 어렵다.

그러므로 초보자의 기준으로서는 하루 한번은 나무 머리 꼭대기에서부터 듬뿍 물을 주도록 한다. 그리고 건조가 심한 여름철에는 하루에 두세 번 주도록 한다.

특히 여름에 일 때문에 낮에 물을 줄 수 없을 때는 수반 속에 돌끼움을 두는 방법도 있다.

겨울철 물주기에 주의한다 어린 나무이기 때문에 잎이 없으므로 물을 줄 필요가 없다고 생각하는 사람이 있는데 잎이 없어도 나무는 살아 있으므로 물은 필요하다.

'겨울에 보다 건조에 신경을 써라'라고 일컬어지듯이 나무는 약간 얼어도 괜찮지만 물이 없어서는 곧 말라 버린다.

겨울에는 바람이 강하기 때문에 생각보다 빨리 건조해진다.

바람을 강하게 받는 문 밖에 둔 것은 하루에 한번은 물을 주도록 한다.

물을 줄 때는 오전 9시 무렵에서 12시 사이에 주고 밤까지 여분의 물이 용토에 있지 않도록 한다.

보호실에 넣어 둔 것은 2～3일에 한번 주어도 좋을 것이다.

*비료

비료를 줄 때는 액비를 비료는 깻묵을 주체로 한 것에 골분이나 어분을 1～2할 섞은 유기비료를 준다.

꽂아 둘 때는 앞의 비료에 물을 가하여 반죽한 것을 프라스틱제 비료통에 넣어 용토에 꽂아 두도록 한다.

녹색으로 아름답게 자라 있는 이끼 위에 비료를 주면 말라 죽어 갈색이 되어 보기 싫게 되는 경우가 있다. 이끼의 녹색을 관상하기 위해서는 액비를 실시하는 편이 좋을 것이다.

액비는 전기 비료에 10배 정도의 물을 가하여 2－3개월 사이를 두고 부패 발효한 뒤 그 위 맑은 액을 또 다시 10배 정도의 물에 타서 준다.

시비의 시기 3월에서 장마와 한여름을 빼고 10월까지 20일에 1회 정도의 비율로 시비를 한다.

단 돌끼움을 만든 직후의 것은 뿌리를 잘라 비료를 빨아 올릴 힘이 없으므로 1개월 정도 지나 새뿌리가 나오면 주도록 한다.

*정 지

잎이나 싹의 정지는 모아심기와 같으므로 모아심기편을 참조하기 바란다.

가지 정리. 배양을 계속해 가는 동안에 불필요한 가지가 생기는 경우가 있다. 그런 가지를 정리한다. 1-2년생의 어린 가지는 언제 잘라도 상관이 없지만 굵은 가지는 나무의 활동기에 자르면 나무의 생리에 변화를 일으켜 나무가 약해지는 경우가 있다.

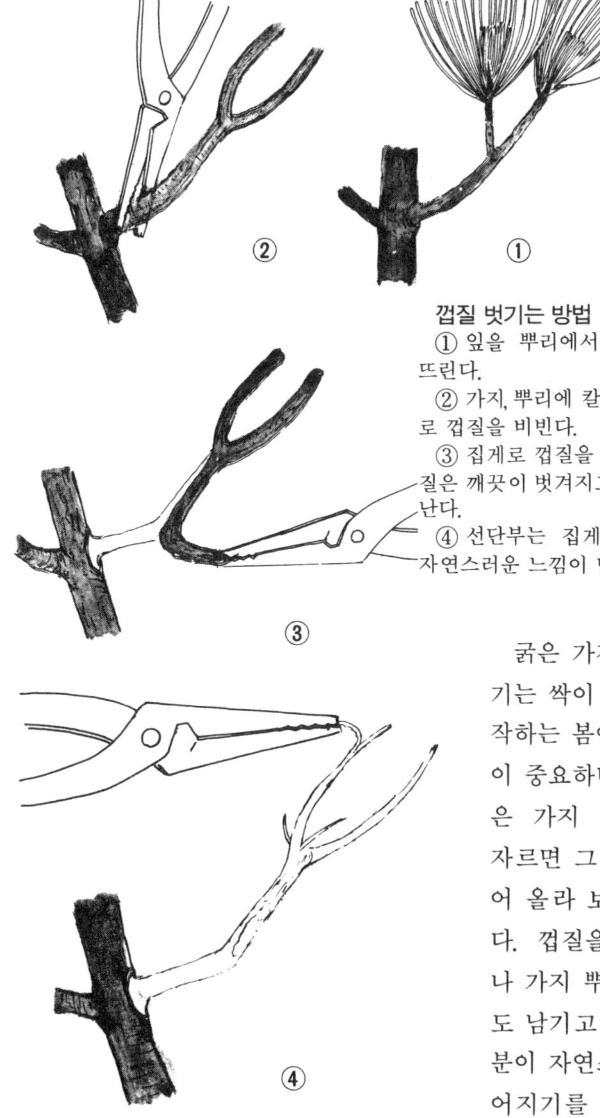

껍질 벗기는 방법

① 잎을 뿌리에서부터 잘라 떨어뜨린다.

② 가지, 뿌리에 칼집을 넣고 집게로 껍질을 비빈다.

③ 집게로 껍질을 잡고 당기면 껍질은 깨끗이 벗겨지고 본질부가 나타난다.

④ 선단부는 집게로 잡아 뽑으면 자연스러운 느낌이 난다.

굵은 가지를 자를 시기는 싹이 움직이기 시작하는 봄에 시작하는 것이 중요하다. 송백류 등은 가지 뿌리에서부터 자르면 그 부분이 부풀어 올라 보기 흉하게 된다. 껍질을 벗겨 남기거나 가지 뿌리를 1㎝ 정도 남기고 잘라 남은 부분이 자연스럽게 말라떨어지기를 기다린다.

잡목류 중 껍질이 얇은 것은 가지와 평행하게 가지 뿌리에서부터 잘라 떨어 뜨린다. 반대로 단풍나무와 같이 껍질이 두꺼운 것은 가지에 조금 먹혀 들 정도로 잘라 두면 깨끗이 아문다.

* 다시 심기

돌에 심은 것은 10년 이상 다시 심을 필요가 없으나 돌안기와 같이 뿌리 끝을 화분 속에서 자라도록 하고 있는 것은 다시 심을 필요가 있다.

다시 심을 시기 방법은 모아심기와 같으므로 그곳을 참조하기 바란다.

* 병충해 방지

예방을 하도록 한다. 분재를 관리함에 있어서 병충해가 발생하면 다른 나무에 전염되지 않도록 하루라도 빨리 구제하는 것이 중요한데 병충해는 발생한 뒤에 손을 쓰는 것은 이미 늦는다는 생각으로 평소부터 예방에 힘을 기울여야 한다.

봄싹이 움직이기 시작하여 가을 단풍이 물들 때까지 매달 한번 정도 약을 쳐 예방한다.

약효를 시험한 다음 사용한다 병충해 예방에 사용하는 약품에는 살균제와 살충제가 있다.

살충제 중에서도 해충에 닿아 곧 효과를 발휘하는 접촉제와 잎이나 줄기로 침투하여 효과를 나타내는 침투제가 있다.

하나의 약품이 여러 종류와 해충에 효과를 내는 것도 있고 특정 해충에만 효과가 있는 것이 있다. 최근에는 약품도 진보하여 새로운 약이 계속 개발 시판되고 있으므로 그들 병충해에 효과가 있는 약을 선배들이나 원예사에게 상담하여 구하여 쓰면 좋을 것이라고 생각한다.

새로운 약을 처음 사용할 때는 분재에 약해가 없는지 묘목 등에 한번 시험해 본 뒤 사용하도록 한다.

바람이 없는 날 아침 저녁에 산포한다 약제의 산포는 바람이 없는 날 저녁이나 아침에 산포하도록 한다.

산포 방법은 분무기의 입구를 위로 향하여 잎 안쪽에 잘 뿌린다. 약은 잎 안쪽에 7 할, 밖에 3 할 정도로 해충이 보이지 않는 잎 안쪽에 숨어 있는 경우가 많으므로 잎 안쪽 구석구석에 뿌리도록 한다.

Ⓒ 새로운 농약은 일단 묘목에서 시험한 뒤 사용한다.

약의 규정량을 지킨다 약을 사용할 때는 설명서에 쓰여져 있는 희석량을 지키도록 한다. 농도를 짙게 하면 효과가 클 것이라고 생각하는 사람이 있지는 않은지, 대강 농도를 맞추어 사용하는 일이 없도록 한다.

약을 탈 때를 위해 정확한 계량기를 준비해 두면 편리하다.

겨울철 석탁 유황 합제의 산포는 효과가 크다 낙엽 후 나무가 휴면 상태일 때는 약해가 일어나기 쉬우므로 석탁 유황 합제를 10~20배 물에 탄 것을 12월~2월에 걸쳐 2회 정도 산포한다. 이 산포로 월동충을 구제할 수 있으므로 봄 이후 해충 발생이 적어진다. 석탄 유황합제는 화분 등에 치면 화분을 변색시키는 경우가 있다. 귀중한 화분일 때는 신문지 등으로 화분을 덮고 약을 치도록 한다

돌끼움 분재 즐기는 법

• 산진달래의 돌끼움 꺾꽂이 모음

①배양 중인 산진달래

수종에 따라서는 자신이 가지고 있는 화분의 불필요한 가지를 다듬을 때에 돌에 꺾꽂이하는 것만으로도 훌륭한 돌끼움 분재를 만들 수가 있다.

여기에서는 그와 같은 가볍게 즐기는 법을 산진달래를 예로 들어 소개하도록 하겠다.

돌끼움 꺾꽂이 모음 만들 시기 꽃이 진 5월 중순에서 6월 장마철에 실시한다.

이 시기이면 외기도 따뜻하고 공중 습도도 높으므로 관리가 편하다. 나무도 수세가 붙으므로 2—3년생의 고지라도 발근한다.

배양중인 나무를 친목으로 한다 사진의 나무는 꺾꽂이 4년생의 산진달래로 한그루 분재로 만들기 위해 배양중인 것이다. 이제 정자나 철사 걸기 등의 본격적인 나무 만들기를 해야 할 때이다.

그러므로 이 나무를 친목으로 하여 불필요한 가지를 꺾꽂이 하기로 했다.

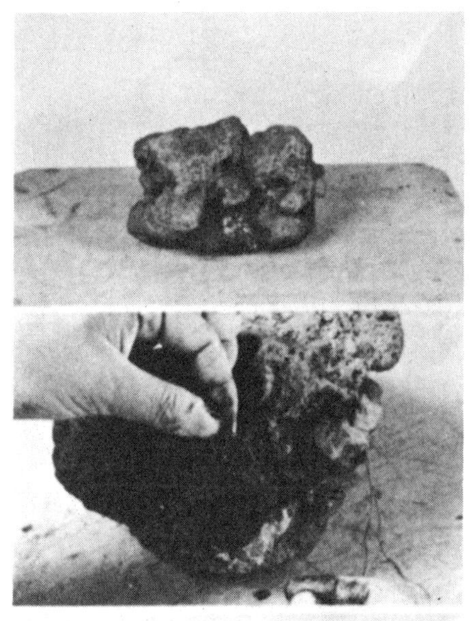

돌을 준비한다 사진의돌은 부근의 강에서 주은 것이다.

산이나 강에 나갔을 때 주은 것이라도 좋다.

이 돌은 가운데에 올록볼록한 부분이 있어 재미있다고 생각되어 주워 온 것이다.

돌에 철사를 붙여 둔다 돌에 용토를 눌러 두기 위한 철사를 붙인다.

②강의 돌
③용토를 붙이고 철사로누른다.
④용토의 표면에 이끼를 깐다.

철사는 낚시 때 사용하는 납덩어리에 통과시켜 두고 납덩어리를 돌 오목한 부분에 끝이 둥근 못으로 박아 넣는다.

용토를 돌에 붙인다 용토는 돌끼움에 사용하는 것과 같다.

적토에 적옥토 2, 동생사 1 정도를 섞어 물을 넣어 반죽하여 돌에 붙여 떨어지지 않게 한다.

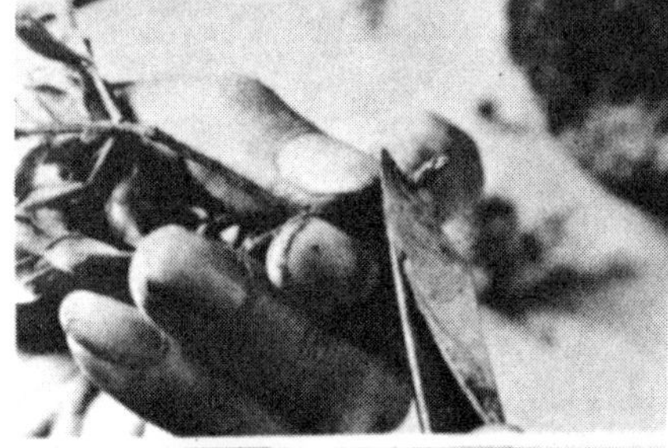

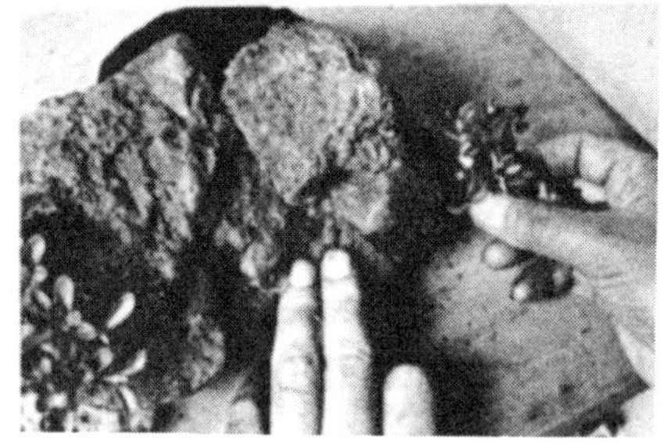

돌에 2～3㎝ 정도의 두께로 용토를 붙이는데 용토는 꺾꽂이를 하는 곳에 부분적으로 독립하도록 두는 것이 아니고 반드시 연결되어 있도록 한다. 독립되어 있으면 물의 건조가 균일하지 않아 관리에 신경이 쓰이게 된다.

용토를 철사로 누른다 적토는 건조하면 굳어지고 점성이 없어져 돌에서 떨어지는 경우가 있다.

용토가 돌에서 떨어지지 않도록 돌에 붙인 철사를 망상으로 연결하여 눌러 둔다.

⑤ 꺾꽂이 싹을 준비한다.
⑥ 꺾꽂이 싹의 기부를 비스듬히 자른다.
⑦ 전체의 경치를 생각하면서 꽂는다.

용토 표면에 이끼를 깐다 용토의 건조를 막기 위해 그리고 물주기나 비 등으로 유출되지 않도록 하기 위해 용토의 표면에 이끼를 깔아 둔다.

꺾꽂이를 실시한 뒤 이끼를 깔면 꺾꽂이 순이 움직일 경우가 있으므로 이끼는 꺾꽂이하기 전에 깔아 둔다.

꺾꽂이 싹을 만든다 친목의 불필요 가지를 잘라 꺾꽂이 싹을 한다.

⑧ 완료된 것

자른 꺾꽂이 싹은 물을 넣은 컵에 담가 물을 빨아 올리도록 한다.

산진달래는 한곳에서 5, 6개의 싹이 나므로 그 부분을 꺾꽂이 하면 그루터기 나무가 생긴다.

꺾꽂이 싹 기부를 비스듬히 자른다 꺾꽂이 싹의 기부는 용토가 닿는 부분이 많아 지도록 비스듬히 자르고 반대쪽에서부터 조금 되잘라 둔다.

자를 때는 자른 부분이 깨끗하게 되도록 잘 드는 나이프를 사용한다.

활착률을 생각하여 조금 많이 꽂는다 전체의 경치를 생각하면서 꺾꽂이 해간다.

꽂을 때는 모두가 활착한다고는 할 수 없으므로 조금 많이 꽂아 두도록 한다.

완료 다 꽂았으면 충분히 물을 주고 1주일 정도는 직사 광선이 닿지 않도록 처마 밑이나 선반 아래에 두고 서서히 햇빛이 드는 곳으로 내 놓는다.

1개월만 지나면 새로운 싹이 나는데 그 때부터는 발근이 시작됨으로 보통 분재와 같이 관리한다.

새로이 뻗은 싹은 1년 동안 그대로 둔다. 다음 해 봄 3월에 간격을 보아 잘라준다.

판 권
본 사
소 유

분재 교실

2019년 6월 20일 인쇄
2019년 6월 30일 발행

역은이 | 편 집 부
펴낸이 | 최 원 준

펴낸곳 | 태 을 출 판 사
서울특별시 중구 다산로38길 59(동아빌딩내)
등 록 | 1973. 1. 10(제1-10호)

©2009. TAE-EUL publishing Co.,printed in Korea
※잘못된 책은 구입하신 곳에서 교환해 드립니다.

■ **주문 및 연락처**
우편번호 04584
서울특별시 중구 다산로38길 59 (동아빌딩내)
전화 : (02)2237-5577 팩스 : (02)2233-6166

ISBN 978-89-493-0570-7 03480